ゼロから始める
シードル醸造所

～リンゴ産地で広がる新たなビジネスモデル～

小野司
蓮見よしあき

目次

第4章

リンゴのお酒シードルを造る学べる廃校活用型醸造所

はじめに

蓮見よしあき

　近年リンゴを原料にしたお酒、シードルがメジャーになってきています。以前はシードルをお客様にすすめても「何それ？」という感じでしたが、最近は国内外産問わず「○○ワイナリーのシードル」や「紅玉リンゴ100パーセント」など造り手、銘柄、さらにはリンゴの品種まで指定して質問されるようなシードル愛好者が増えてきました。

　実際に、私が経営する長野県にあるワイナリーでも、数年前と比べてシードルの生産量が大きく増えていますし、飲食店等からの問い合わせや注文も大幅に増えています。

　さらには一般社団法人日本シードルマスター協会のようなシードルを全国に広める活動をしている団体ができたり、全国各地でシードルのイベントが開催され、私も出展者としてよばれたり、この国のシードルを取り巻く環境はここ数年で大きく変わってきています。

どうしてシードルの人気が、最近こんなに高まってきたのでしょうか？

いろいろ理由はありますが、私はシードルという飲み物が元来日本人に合う飲み物であったと考えています。

リンゴという果物が日本各地で気軽に手に入り、日本人の食生活のなかに普通に存在するものだったということ、そしてシードルはワインに比べて比較的安価、そしてアルコール度数も低く飲みやすいということが注目されていると思います。

私の著書『ゼロから始めるワイナリー起業』は、おかげさまで多くの人に読んでいただき、その本の影響を受けてワイン造りに携わりたいとキャリアチェンジをした人もいます。そして最近は、シードル人気を反映してワインだけではなくシードルを造って起業したいという人も増えてきており、実際に見学、視察に来る人も多くいます。

日本ワインだけでなくシードルが多くの方面から関心を集めていることに注目し、日本シードルマスター協会の全面協力を得ながら、造り方、経営、さらにはシードル醸造所（シードルリー）の作り方にいたるまでさまざまな観点から分析をしました。

日本シードルマスター協会からは、現在の日本におけるシードルの現状、シードルの消費量、シードル醸造所の数の推移等を記載、そして私は生産者からの視点で執筆、実際にシードル起業を夢見ている人のヒントにしていただくために、本書で、どうやったらシードルを造って起業できるのか、さらにはシードル造りを活用していかに地域活性化に結びつけ、日本の地方を元気にしていくのか等、行政関係者、地方の経営者必見の情報もあります。

実際、近年シードル造りが地域活性化のツールとして活用されています。今日では日本の地方の多くは過疎化に悩まされ、高齢化や担い手不足による農地の荒廃化が進んでいます。そんななかでシードル造りが地方を元気にするというヒントのひとつになると思い、私自身の経験も踏まえて記載しました。

また、日本シードルマスター協会の代表理事である小野司さんには、シードル醸造所「林檎学校醸造所」の設立経緯、ビジネスモデル、今後のシードルビジネスの展望などについても執筆していただきました。

この本を通して、シードル生産者としての立場で、今後もシードルというものがさらにメジャーなものになっていくことを心より願っていますし、これからもより多くの人に楽しんでもらえるような存在に、ファンの皆様に育てていただければと思います。

第1章 日本のシードル事情

文・小野司

シードル(サイダー)とは何か

みなさんは、サイダーと聞いて、何をイメージされますか。多くの人は、国民的飲料となったレモン風味の炭酸飲料を想像するのではないでしょうか。では、シードルと聞くとどうでしょうか。私も15年前までは、シードルのことはまったく知りませんでした。偶然、実家のリンゴ農園でシードルを造ることになり、それがきっかけでシードルのことをもっと知りたいと思いましたが、当時はインターネットにも、書店にもほとんど情報がありませんでした。そのとき知り得た情報は、大手ではニッカシードルが売られていたこと、長野県のいくつかのワイナリーではシードルを造っていたこと、フランス産のシードルは輸入されており、ガレットと一緒に食べられる店が東京などにあるということくらいでした。フランス産のシードルは、時々酒販店で買うことができますが、日本の甘くてデザートのようなリンゴを食べて育った私には、当時はクセや渋味があるフランス産シードルの魅力がわかることもなく、日本のシードルのほうがおいしいと感じていました。しかし、**本当のサイダー、シードルの世界は、**

多くの日本人がイメージしているものと大きく異なります。そこでまずはシードルの基礎知識から紹介したいと思います。

シードルとよぶためには、いくつかの条件があります。最も重要なことは、**リンゴの果汁から造られる醸造酒**であるということです。リンゴ以外の果物や原料のみで造ったお酒をシードルと称しているケースも国内で見受けられますが、これらはシードルではありません。リンゴの使用率については、国ごとに定義や法律が異なっており、一部の国で造られる大手ナショナルブランドの量産品では、加水、加糖、補酸などが行われ、工業製品化しているものも存在しています。海外のシードルには、フレッシュな果汁を使用していることをアピールするブランドもありますが、これは大手ナショナルブランドとの差別化をうたっています。

次に味わいですが、シードルはスパークリングワインと同じように甘口から辛口まであり、発酵させる期間が短ければ果汁内の糖が残っているため甘口となり、発酵期間が長いほど、糖は減りアルコール度数が高い辛口になります。フランスではDoux ドゥ（甘口）、Demi-sec ドゥミセック（中辛口）、Brut ブリュット（辛口）などがあり、イギリスでは、Sweet スイート（甘口）、

フランス・ブルターニュ地方のガレット。日本でもシードルとガレットのペアリングは人気

Medium ミディアム（中口）、Dry ドライ（辛口）と表記しています。

シードルの味わいで重要なのは「甘味」「酸味」「渋味」となります。これらは原料に使用するリンゴの品種が大きく関係しており、大きく分けると4つに分類されます。

1　甘いリンゴ

スイート品種とよばれ、日本ではふじや紅玉などが該当します。

2　酸っぱいリンゴ

シャープ品種とよばれ、青リンゴであるグラニースミスやブラムリーなどクッキングアップルが該当します。

3　甘くて渋いリンゴ

ビタースイート品種とよばれ、例えば、長野県飯綱町では和林檎の高坂林檎が該当しますが、国内では入手が困難な状況です。

4　酸っぱくて渋いリンゴ

ビターシャープ品種とよばれ、現在日本では栽培が困難なシードル用品種になります。3、4のビター系のリンゴにはタンニンが多く含まれており、強い渋味を感じることができます。

日本では、生食用として糖度や食感重視の甘いリンゴの栽培に力を入れてきました。そのため、ビター系品種が少なく、海外から見た日本のシードルの評価を下げているといわれています。この課題を解決するために、シードル用品種の苗木等を輸入することも考えられますが、北アメリカ、ヨーロッパなどで発生している火傷病菌の国内侵入を防ぐため、植物検疫の全量検査を通すことは難しくなっています。

次に、**シードルのアルコール度数**ですが、**基本的にアルコール度数は低めで、国産の甘口では製法により2～7パーセント、辛口では7パーセント前後**です。アルコールに弱い人なら、アルコール度数2～3パーセントの飲みやすい甘口シードル、アルコールは平気という人なら、アルコール度数4～8パーセントの芳醇な中口やスッキリした辛口シードルを選ぶ傾向にあります。また、なかにはよりお酒感を出すために、10パーセントを超えるアルコール度数のシードルもありますが、少数派です。国産にはまだまだ少ないですが、フランスではノンアルコール・シードルも造られています。

次に、発泡性ですが、日本ではシードルは発泡性があるイメージが強く、

バーカーのサイダーリンゴの分類（LARS 1903）

分類	酸（%）	タンニン（%）
スイート	＜0.45	＜0.2
シャープ	＞0.45	＜0.2
ビタースイート	＜0.45	＞0.2
ビターシャープ	＞0.45	＞0.2

出典：The Wittenham Hill Cider Portal

リンゴワインとシードルは別物のように扱われていますが、海外では必ずしも発泡性があるわけではありません。例えば、イギリスでは、発泡性と非発泡性の割合は半々ともいわれており、無発泡の場合は Still Cider と表記されていたりします。

シードルのなかには、**リンゴだけでなく、ほかの果実や素材をブレンドするフレーヴァーシードル**もあります。リンゴのシードルと並んで造られるのが、洋梨のポワレ、ポワール、イギリスでは伝統的にはペリー、近年のイギリスや他の英国圏ではペアサイダーとよばれています。

ほかにも、ジンジャーやベリー系フレーヴァーのシードルの日本への輸入が増えており、また栗、オレンジピール、アプリコット、ホップなど、その国や地域の特産と組み合わされているものもあります。

日本国内において果実酒製造免許でシードルを造る場合は、果実のみしか使えないため、海外のように果実以外の原料を使ったシードルの醸造には甘味果実酒や発泡酒等の製造免許を取得する必要があります。今後はシードル産地で栽培されているほかの特産果実や素材を使ったフレーヴァーシードルも増えてくるでしょう。

（参考）農水省ホームページ　https://www.maff.go.jp/pps/

洗浄を終え、搾汁を待つ
ふじとグラニースミス

シードル文化について

近年、欧米各国ではグルテンフリーなどの健康志向や、ロゼやフレーヴァーシードルの登場によりお酒がおしゃれに生まれ変わり消費が伸びてきました。日本国内でも、大手ビールメーカーからワイナリー、リンゴ農家などによるシードル造りが広まり注目されています。リンゴ産地や醸造所巡りを楽しむシードルツーリズムが盛んな海外産地もあり、観光立国を目指す日本においても期待が高まっています。

世界的にシードル市場が伸びるなか、シードルがまだ新しい日本のリンゴ生産者が、世界各国のシードルの特徴や文化を知ることはとても重要なことです。

・フランスのシードル（Cidre）

日本でリンゴの果実酒を指す「シードル」は、フランスのCidreが語源で、1954年、青森県弘前市の朝日シードル株式会社がフランスから技術者を招いて醸造を始め、Asahi Cidre（現ニッカシードル）として発売したことから、日本ではシードルという名前が広まりました。主な産地はブルターニュ地方とノルマンディー地方で、気温が低く、雨が多いなど、ワイン用ブドウの栽培が難しい地域だったため、シードル文化が発展しました。原料のリンゴは、多くのシードルで数種類から10数種類をブレンドしていますが、単一品種から造られるシードルもあります。小さなシードル農家「フェルミエ」などでは、今もなお天然酵母を使って醸造しており、果実味とともに複雑味や自然味豊かなシードルに仕上がっています。

・スペインのシードラ（Sidra）

シードルは、スペイン語ではSidra（シードラ）とよばれ、スペイン北部のアストゥリアス地方やフランスにまたがるバスク地方を中心に、古くから造られてきました。シードラには、瓶を頭上に掲げ、グラスを腰の位置に構え、高いところから泡立てさせながら注ぐ「エスカンシアール」という独特の注ぎ方があります。酸味や硬さを感じる濁りシードラを空気により多く触れさせることで、まろやかな味わいに変わり、香りが引き立ちます。現地では室温のまま提供されている場合が多く、温度は冷やしすぎず10℃前後がおすすめです。アストゥリアス州では、地元産リンゴのみを使用したシードラのみにSidra de Asturias（シードラ・デ・アストゥリアス）と表示を許可していますが、ほかにも炭酸ガスや糖の添加を行わないシードラにNatural（ナトゥラル）と表示するなど、地元産のリンゴを使った伝統的なシードラを大切にし、価値を高める取り組みをしています。

・イギリスのサイダー（Cider）

シードルは、英語ではCider（サイダー）となります。日本では、サイダーと聞くとノンアルコールの炭酸飲料（ソーダ）をイメージする人が多いですが、イギリスではリンゴ酒がサイダーです。パブなどではパイントサイズのタンブラーグラスでゴクゴクと飲むことが多いサイダーは、甘さ控えめのミディアムからすっきりドライのものが多く、渋味があり、なかにはスパイシーなものもあります。イギリスは、世界で最も多くサイダーを生産、消費している国で、世界的なメーカーがある一方、クラフトサイダーを造る小規模サイダリーも多く、2005年頃からイギリスで続いたサイダー人気は、

イギリスのCiderに関する古い論文

その後クラフトサイダーが牽引してきました。

・ドイツのアプフェルヴァイン（Apfelwein）

ドイツのヘッセン地方、フランクフルトとその周辺はアップルワインの産地として知られています。ドイツも、リンゴ酒の独自の文化を持っており、青い模様が描かれた灰色の陶器製ジャグ（ベンベル）にアップルワインを入れ、そこからグラスに注がれます。また、このベンベルはアップルワインを提供しているお店の看板の一部としても使われています。日本にもこういった目印があれば、シードルを提供するお店をもっと見つけやすくなりそうです。おいしいアップルワインは、リンゴの風味が豊かで、しっかりとした酸味もある、日本人も飲みやすいリンゴ酒です。

・アメリカのハードサイダー（Hard Cider）

アメリカの一部の州ではノンアルコールのジュースをアップル・サイダーとよぶことから、お酒のサイダーはハードサイダーとよんで区別しています。アメリカでも開拓時代からサイダーが飲まれていましたが、１９２０年に始まった禁酒法により生産量が激減し、その政策が終わった後も、サイダー用リンゴの栽培の再開に時間を要するサイダーではなく、麦と水をベースに造れるビールに押されて、その生産量は低調のままでした。しかし、1990年代にブリュワリーが多数参入することによりサイダーは復活を遂げます。2011年になるとクラフトサイダーが注目され始め、リンゴの生産量が多いオレゴン州やワシントン州周辺では、専門のサイダーハウスが多数設立されるに至ります。ハードサイダーは、リンゴを数種類ブレンドして複雑な味わいにすることはもちろん、ジンジャーやフルーツ、チョコなどを加えたフレーバーサイダーも多く、自由の国らしさがHard Ciderにも表れています。

個性豊かなハードサイダーはそのまま飲んでも、ペアリングでもおいしく楽しめる

・日本のシードル

日本のシードルは、つがる、ふじ、紅玉など、みなさんに馴染みのある生食用のリンゴを使って造られているシードルが多く、それらを単一品種または数種類ブレンドして造られたシードルが主流です。しかし、この数年の流れとしてリンゴ農家がシードル造りに参加することが増えてからは、酸味の強いクッキングアップルをブレンド

したシードルも増えてきています。日本の在来種である「和林檎」や原生種に近い小玉のクラブアップル、海外原産のリンゴ品種を使うことで、海外のシードルに多く含まれている酸味や渋味が特徴的なシードルを目指す動きも増えてきました。生産地は、青森、長野、北海道などを中心にリンゴ産地全体に広がりますが、特にワイナリーが多い地域では、毎年新しいシードルが誕生し、シードル専門の醸造所も建設されています。しかし、日本では、まだ世界各国のようなリンゴ酒文化の形成には至っていません。いかに文化として定着するかは、リンゴ産地や農家白身が、事業や食生活のなかにどうシードルを取り入れ、魅力的な飲み方をどう提案していくかがポイントとなるでしょう。

日本でシードルを造るということ

日本で一番シードルの普及を願っているのは、おそらくリンゴ農家ではないでしょうか。リンゴは、多くの人に愛されているポピュラーな果物ですが、日本国内では消費量が減少し続けています。農林水産省が調査した国内における主要果物の家計購入数量の推移によれば、1980年と2009年を比べると2割ほど減っており、みかんなどの柑橘類、なし、ブドウ、ももといったメジャーな果物についても同じように減少傾向にあります。その一方で、輸入果物であるバナナは、消費を伸ばしました。安価であることに加え、口にするまで手間も時間もかからず、手軽に食べられる果物が好まれる傾向にあるからです。

そこで最近、手間をかけずにリンゴを気軽に食べられるとしてコンビニエンスストア等で見かける商品が、カットリンゴです。すでに食べやすい大きさにカットされ皮が剥かれた状態ですので、そのまま食べることができますし、意外と食感も良くおいしいです。ただし、消費期限が短いこと、加工後の流通についても整備が必要なことから、参入障壁が高い事業になります。結果、リンゴ農家の参入は難しく、安価な原料供給にとどまってしまう可能性が高いのです。

そんななか、2016年に総務省が実施した家計調査により明らかにされた、1世帯（2人以上）あたりのリンゴ年間購入量は、リンゴ農家にとって衝撃的な結果となりました。**日本のリンゴ市場を支えてきた、世帯主が「70歳以上」の世帯のリンゴの**

年間購入量は20・8キログラムだったのに対し、「29歳以下」はその10分の1以下の1・9キログラム、40代になっても約5キログラムにとどまっていることが明らかになったのです。この数値は、産地直送でリンゴを販売している農家には致命的な値です。リンゴ農家が直接出荷する3キロ箱や5キロ箱を購入するのは50代以上の世代に多く、それよりも若い40代以下は、リンゴを直接農家や産地から買わなくなっている現状を裏付ける結果です。この事実に危機感を持っているリンゴ農家は、新たに加工用のクッキングアップルの栽培やシードル等の商品開発に乗り出しています。

また、リンゴ農家が製造または販売する定番の加工品として果汁があります。しかし、国内に流通する果汁のうち約85パーセントを輸入果汁が占めており、飲料メーカーは濃縮果汁を輸入し、国内工場にて稀釈や調合を経てジュースとして販売します。対して国産果汁の価格は、この輸入果汁の約2～3倍の価格となるため、国産果汁は価格で圧倒的に不利な状況にあります。その果汁も、TPP（環太平洋パートナーシップ協定）により関税の撤廃はもちろん、食品安全基準を日本独自に設定できなくなることで、すでに輸入品が圧倒的なシェアを持つ果汁は、さらに国産の位置づけが厳しくなると考えられます。

このように、日本のリンゴ農家は、大変厳しい状態に置かれていますが、海外に目を向けるとリンゴ生産者の危機が発端となりシードル市場が急成長した事例がポーランドにあります。2012年、ポーランドのシードル市場はごくわずかでしたが、2015年には東欧でトップになりました。その背景には、原料となるリンゴが安定的に確保できるようになったこと、加えて2014年にロシアがポーランド産のリンゴの輸入を禁じたことで、ポーランドの生産者は新たにシードルの製造に乗り出したのです。ポーランド国内向けの比較的新しい製品は、プロモーション活動の活発化にともない、消費者の関心を引き急速な市場拡大をもたらし、短期間で東ヨーロッパ全体の主導的立場になりました。

そのお隣、ロシアとウクライナでシードル市場が順調に成長している理由は、シードルがチューハイなどのRTD（Ready to Drink）商品より健康的であることが、消費者の間で認知されてきたことがあります。このロシアとウクライナのRTD商品の消費量は、東ヨーロッパの平均値より1人あたりの消費量が比較的高かったのですが、近年ではRTD商品は多くの人工成分を含んでいるという理由から、体に良くない飲み物として認知が広がるようになりました。一方、**シードルは天然果汁を発酵させて造るお酒であり、アルコール飲料のなかでも安心できる飲み物**として知られるようになりました。

この比較的新しいシードル市場であるロシア、東欧諸国で起きていることが、日本にもあてはまる状況になりつつあります。これら海外の事例は、日本でもシードル市場がさらに成長する可能性を示しています。そして、そのことに気付き始めた30代、**40代の比較的若いリンゴ農家を中心にシードルに注目**が集まっており、農家によるシードルの醸造も始まっています。

（参考）

果実の消費量、生産量等の推移

https://www.maff.go.jp/j/wpaper/w_maff/h22/pdf/z_all_4.pdf

農トピ　http://agritopic.net/1126/

なぜシードルの人気が高まっているのか

日本においてシードル市場にはいくつかの小さなブームはあったものの、海外のシードル人気を尻目に低調な状態が続いていましたが、2016年8月に初めて開催した東京シードルコレクション（日本シードルマスター協会主催）と、その数日後に始まった大手メーカーの小売り参入が相まったこともあり、**新聞や雑誌等のメディアがシードルを取り上げる機会が増えました。**飲食店や酒販店の取り扱いも増え、シードルのセミナーやイベントも盛況が続いています。このシードル人気は、シードルの知名度が上がったことだけでなく、**消費者のお酒のイメージや飲み方が大きく変わってきている**ためと考えています。

背景その1　若者のお酒の飲み方が変わってきている

近年、20代を中心にお酒離れが進んでいるといわれていますが、シードルはそういった方に受け入れられる傾向にあります。以前は「とりあえずビール」が居酒屋でのお決まりでしたが、若い世代にその常識は通用しなくなっているようです。ハイボールが飲みたい人、ワインが飲みたい人、**人に合わせて飲むのではなく自分のペースで飲みたい**という20代が増えています。シードルは、ビールのように泡があり、気軽に乾杯のお酒として使ってほしいと考えていましたが、実際に**乾杯でシードルを選ぶ女子が増えている**という飲食店も多くあります。また、ビールの苦味が苦手という人が女性だけでなく男性にも増えてきています。会社の付き合いで上司が部下をお酒に誘う行為がパワハラといわれる時代になり、以前のように飲み会でビールの苦味やアルコール耐性が鍛えられるといった機会が減少していることも背景にあるようです。

背景その2　低アルコール志向

シードルは、低アルコール飲料としてＲＴＤ（Ready to Drink）市場に位置付けられています。ＲＴＤとは、栓を開けてすぐ飲める低アルコール飲料のことで、缶チューハイや缶カクテルなどと同じ位置付けです。以前は、甘いお酒のイメージがあったＲＴＤ市場ですが、**近年はお酒を食中酒として楽しむ傾向**が増え、レモンサワーブームにも表れているように、甘くないお酒を消費者は好むようになりました。シードルも例外ではなく、日本シードルマスター協会がインターネットを通じて実施した消費者アンケートでも、約6割の人が食中酒として飲むと答えており、最も多い回答でした。

低アルコール飲料は料理との相性も良く、気軽に飲むことができますが、果汁感はあるものの香料などの添加物も多いといわれるRTD商品を敬遠する人もいるなか、**シードルはリンゴ果汁を発酵させた良質なアルコールのお酒**というイメージから、元々ワインやビールなどを飲んでいる素材重視の方が手に取りやすいRTD商品となっていくでしょう。また、最近のRTD商品は「安く酔いたい」という消費者ニーズを取り込んでいますが、リンゴやほかの果実の果汁100パーセントから造られるアルコール3パーセント前後から7パーセント前後のシードルは、**苦味が少なくフルーティーで、甘口から辛口まで気分やシーンに応じて選べるおしゃれなRTD商品**として受け入れられてきています。

背景その3　健康志向

お酒について健康志向というのは、アルコールが体に良いのか悪いのかという議論や研究もあり、いささか難しい面もありますが、シードルに関しては以下の特徴から、ほかのお酒に比べ健康に良いといわれています。

1つ目は、**低プリン体**であることです。日本生活習慣病予防協会によると女性の社会進出により、近年痛風になる女性が増加しており、約100万人いるといわれる痛風の患者の6パーセントは女性であり、30年で4倍と大幅に増えているそうです。

2つ目は、**グルテンフリー**であることです。米国大使館の職員の話では、アメリカではシードル（ハードサイダー）がグルテンフリー商品として注目され市場が急拡大しました。それはメーカーが仕掛けたわけではなく、消費者自らシードルに対し、そう評価を下したということです。また、グルテン耐性がない人に発症する慢性的な小腸の炎症性疾患で、グルテン過敏性腸症ともいわれるセリアック病の患者はアメリカの全人口の1パーセントいるともいわれ、米国食品医薬品局（FDA）は食品アレルゲン表示および消費者保護法（FALCP）に基づき、2013年9月4日からグルテンフリー表示規則を施行しているほどです。日本国内にまだ患者は少ないですが、インバウンド対応の一環としてシードル生産者は意識しておく必要があるでしょう。現に協会には、グルテン耐性がないため、日本でシードルが飲める店を探していると、日本人や来日した旅行者から問い合わせを受けることがあります。

背景その4　家飲み志向

シードルは、カジュアルでライトなお酒なので自宅でゆっくりしながら飲んだり、昼間の食事会でボトルを開けたり、料理をしながら軽く一杯といった楽しみ方もできます。シードルは物足りないというお酒好きの人がいる一方で、お酒が弱くなって日常的に飲むお酒をシードルに変えたという人もいます。幅広い世代で、**シードルは自分にとって「ちょうど良い」**という人が、日本のシードル市場を支え始めています。日常生活のなかでは、背伸びをしすぎず**自宅で気軽に飲みたい**という人にとって、シードルはちょうど良いお酒になっています。

注目される日本のシードル　~日本ならではの味わいとは~

日本のシードルは、一般的にはスッキリとしたニュートラルな味わいで、渋味は極めて少なく、酸味はやや控えめ、日本食にも合わせやすくなっています。日本シードルマスター協会が2017年にインターネットを通じて行ったアンケート調査では、日本国内においては日本のシードルが最も好み（41・6パーセント）という回答がありました。続いて、フランス（29・6パーセント）、イギリス（11・5パーセント）と続きます。フランスやイギリスの本場の味わいにこだわる人もいますが、**慣れ親しんだリンゴの味を感じられるシードル**は、理屈なしに受け入れやすいのでしょう。日本で生産されているシードルの大半が、ふじや紅玉などそのまま食べる生食用（スイート品種）や加工用のクッキングアップル（シャープ品種）から造られています。現在、国内のリンゴ産地では渋味のあるシードル用品種（ビター系品種）を入手することが極めて困難な状況のため、この味わいが日本のシードルの特徴になっていくでしょう。

そんな日本のシードルにも、やはり賛否両論があります。渋味が少なくスッキリとした味わいの日本のシードルは、イギリスやフランスなど歴史が長く専用品種も使うシードルとは別物であるという意見がある一方で、日本のシードルのなかにも、本場イギリスの人にもおいしいと評価されるシードルが生まれてきています。**歴史の長い欧州のシードルとは味や造り方は違うが、質の良い果汁を使い、丁寧に造られたシードルは、シードルの可能性を広げるものという評価であると私は解釈しています。**

このようにシードルの味わいを評価するうえで必ず論点となる渋味を加えるために、最近注目されているのが「和林檎」です。平安時代中期に中国より渡来したとされる和林檎は、江戸時代までは日本各地で栽培されていました。その後、明治時代になり西洋リンゴの栽培が始まると、品種改良によって味や大きさ、保存性など、より甘くておいしく流通もしやすい西洋リンゴが人気となり和林檎の栽培は激減します。近年、野菜を中心に在来種の保存活動が広がっていますが、和林檎もリンゴの産地で復活させようという試みが広がっています。しかし、和林檎は生食用として再度広めようとしても、その食味はふじなどの西洋リンゴに負けてしまいます。また原生種に近いことから渋味もあり、ジャムやジュースに加工してもおいしくありません。そこで現在、**シードルに渋味や酸味を加えるために和林檎を使い、品種の保存にも努めようという動き**が広まり始めており、その先駆的取り組みが長野県飯綱町などで行われています。ただし、和林檎だけでは絶対的に量が足りません。今後、日本でもシードルの専用品種が増えて、渋味が備わっていくことでしょう。

長野県飯綱町の天然記念物にも指定されている和林檎「高坂林檎」

海外から輸入された品種も、シードルが注目されると同時に見直され始めています。

日本では和名がつけられているケースもあるため、意外とその存在に気付いていない人がまだまだ多いと思いますが、例えば、しっかりした酸味が特徴でアップルパイなどに使用されている紅玉は、アメリカ原産のジョナサンという品種です。完熟した紅玉で作ったシードルは、しっかりとした酸を感じるとともに、完熟させる蜜も入る品種で旨味もしっかりします。また、北海道に行くと昔は主要産地でも栽培されていた旭（英語名：マッキントッシュ）というリンゴも見かけます。甘く優しい香りがする酸味のしっかりしたリンゴです。欧米では現在も主要な品種となっています。この香りや酸味を活かせるとまた違ったシードルができあがるでしょう。ほかにも、アメリカやオーストラリア、南アフリカなどのシードルでも使われているグラニースミス、イギリス原産のブラムリーを使ったシードルも長野県や北海道で造られており、生産量がまだ少ないながらも、少しずつ個性的なシードルが生まれてきています。

近年、**日本でシードルの銘柄が増えている理由のひとつが、リンゴ農家による委託醸造での参入**です。この農家のこだわりにも大きく特徴があります。リンゴ農家は、栽培品種を数種類程度に絞って特定の人気品種を多く作っている農家、さまざまな品種を10種類以上、多いところでは何十種類も作っている農家、加工用などマニアやプ

イギリス原産のブラムリーズシードリング。強い酸味が特徴のクッキングアップルで長野県や北海道などで生産されている

ロが欲しがる品種に力を入れている農家と、栽培している品種を基準に分けられます。そして、それぞれの農家がシードルを造れば、単一品種のシードル、複数品種をブレンドしたシードル、珍しいリンゴを使ったシードルと、それぞれの栽培品種が活かされ、個性的なシードルが生まれています。

また日本には蜜入りリンゴとよばれるものがあります。本当に完熟したリンゴにはフルーティやフローラル、パイナップルに似た風味を感じることができます。その味わいを化学物質レベルで分析すると、完熟の蜜入りリンゴには香り成分であるエチルエステル類とメチルエステル類が増えており、この2つが共存すると香りに広がりが生まれていることが、国立研究開発法人 農業・食品産業技術総合研究機構の研究でわかっています。海外では蜜入りリンゴは日持ちが悪くなるため不良品とされていますが、このような**日本独特のリンゴ文化も日本らしいシードルの味わいに影響**しています。

（参考）

農研機構

http://www.naro.affrc.go.jp/publicity_report/press/laboratory/narc/061985.html

増え続ける日本のシードル

国産シードルが複数紹介されている最も古い資料として手元にあるのは、信州を愛する大人の情報誌「ＫＵＲＡ」（株式会社まちなみカントリープレス発行）が２００７年７月に長野県産のシードルを特集したときのもので、そこには10種類のシードルが掲載されています。それから10年、２０１７年５月に飯田市で開催されたナガノシードルコレクション（ＮＰＯ法人国際りんご・シードル振興会主催）では、31社49種類のシードルが出品され、この10年に大幅に増えたことがわかります。そして今、**長野県を筆頭に全国的にシードルの種類が増えて注目される**ようになりましたが、増え続ける理由は以下のような動きや取り組みがあるからです。

1　シードルを手がける醸造所が増えている

シードルを造る醸造所が増えることで銘柄が増えています。２０２０年３月現在、日本シードルマスター協会が把握している国内でシードルを造る醸造所の数は、90社を超えています。近年、特に小規模のワイナリーやマイクロブリュワリーの開業もあり、1年で10社以上増えていますが、小さな醸造所やパブ併設型のマイクロブリュワリーは、醸造量が少なかったり、店内のみで提供していたりするなど、生産状況を把握することが難しい面もあるため、実際にはもう少し多い醸造所がシードルを手がけている可能性があります。

2　多様化するシードルの味わい

各醸造所では、使用するリンゴの品種とそのブレンドとその割合、甘辛度を変えることで、シードルのラインナップを増やしています。例えば品種別では、リンゴの収穫期である極早生（8月頃収穫の夏あかり等）、早生種（9月頃収穫のつがる等）、中生種（10月頃収穫の紅玉等）、晩生種（11月頃収穫のふじ等）というように、それぞれの時期に合わせて仕込みを行うことで、年に3回～4回は仕込むことが可能ですし、設備や製造方法に

シードルを製造する醸造所数（都道府県別上位）

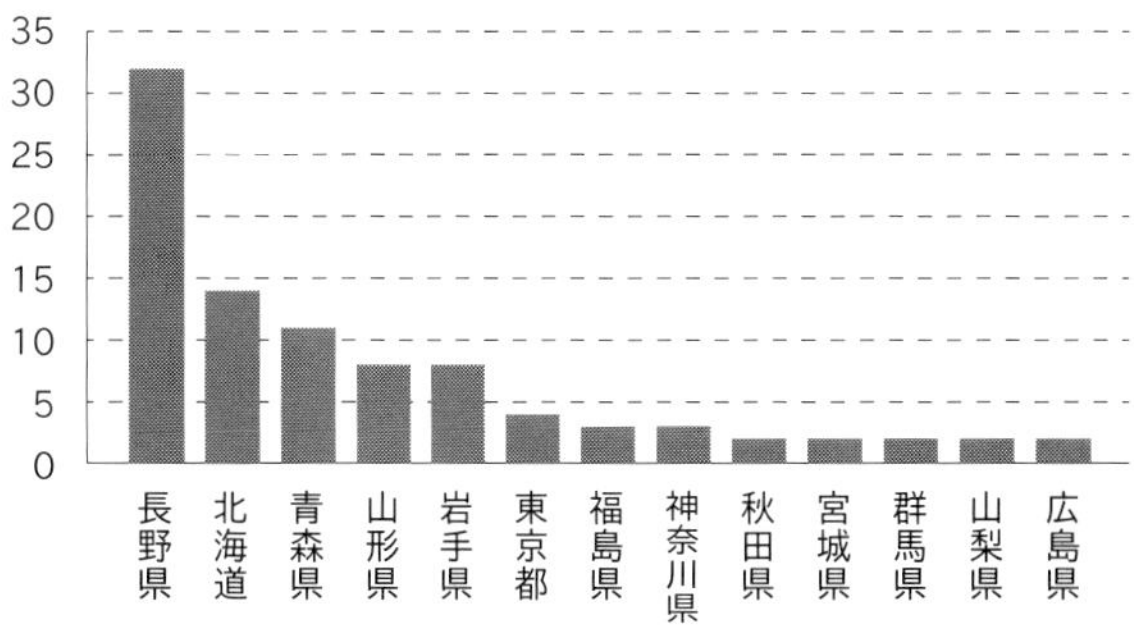

一般社団法人日本シードルマスター協会調べ（2020年3月）

よってはさらに増やすこともできます。また、各収穫期には複数の品種を用意できるため、単一品種か複数品種か、複数であればどの品種をどの割合でブレンド（甘いスイート系品種、酸味の強いシャープ系品種、渋味のあるビター系品種）するのかによってもバリエーションを増やすことができます。さらには、甘辛度を極甘口、甘口、やや甘口、中口、やや辛口、辛口と変えたり、ほかの果実を加えたりすることで、無数の味わいを造り出すことが可能です。2、3年前までは、ふじなど定番の品種を使い単一品種のシードルを造ることが多かったですが、最近は複数の品種をブレンドしたオリジナリティあるシードルが増えています。

3　リンゴ農家が参入する

リンゴの種類、量ともに安定的に確保できるリンゴ農家が、シードルの販売に乗り出すケースも増えています。例えば、長野県のとあるワイナリーの方に委託農家数を聞いたところ、13軒の近隣農家がシードルを委託醸造していることがわかりました。このなかには、酒類販売業免許を取得してシードルを販売している農家もいますが、まだ免許を未取得のため自家消費用に造っている農家も実は多くいます。今後、通信販売や直売所、または農園レストランなどで提供する見込みが立ち、販売免許を取得することができれば、新しいシードルが産地に登場してくる可能性は、まだまだあります。

4　料飲店がオリジナルシードルを提供する

まだ事例としては少ないですが、店舗でシードルの販売量を見込めるところは、リンゴ農家や醸造所の協力を得て、お店オリジナル（プライベートブランド）のシードルを提供する動きもあります。例えば、東京神田にあるBar & Sidreria Eclipse firstでは、毎年、お店のお客さんを中心に約50名で、群馬県沼田市のリンゴ農園に貸し切りバスで訪れ、リンゴの収穫や農家との交流を通じてリンゴや栽培の理解を深めた後、都内のワイナリーでその農園のリンゴ果汁からシードルを造り、完成したシードルを参加者で分けたり、お店で提供したりして人気を博しています。こういった取り組みに、観光農園など来客対応が可能なリンゴ農家が協力しており、シードルの本数や参加人数は決して多くはありませんが、消費者が農家との交流や収穫体験を経て、よりシードルや産地の理解を深め、ファンになるといった循環を生み出しており、参加者や農家からも高い評価を受けています。

　このように、お酒にしやすく、原材料としても確保しやすく、そして関わりやすいリンゴから造るシードルは、生産者側、消費者側の両者で、銘柄数や生産量、消費量を伸ばしています。今後、産地周辺のホテルや飲食店等など地元でもシードルが当たり前に飲めるようになっていくことで、海外のように大手メーカーから農家のシードルまで、**幅広いラインナップが日本産シードルの魅力になっていく可能性があります。**

東京神田にある Bar&Sidreria Eclipse first オリジナルのシードル。ラベルには群馬県のマスコットキャラクター「ぐんまちゃん」も印刷され、オーナーの地元を PR している

第2章 日本のシードル専門醸造所

文・小野司

増加するシードル市場への参入とシードル専門醸造所（シードルリー）

日本でシードルを造る醸造所は、海外の醸造所に比べて多様なバックグラウンドを持っています。欧米のシードル産地に比べて生産量や事業者数はまだまだ少ないですが、日本のシードル業界の構造も小さなリンゴ農家から大手メーカーまで、ひと通り形成されてきています。**全国のリンゴ産地では、地元のワイナリーがシードル造りを牽引してきましたが、近年は主力産地でシードル専門醸造所も増えています。**また最近はシードルとも相性の良いビールのブリュワリーの参入もますます盛り上がりを見せており、日本のシードル業界はまるで世界各国のシードル造りの縮図のようになってきています。それらを分類しながら紹介します。

まず、シードルを造る事業者の主力商品のカテゴリーを挙げると、ワイン、ビール、日本酒、そしてシードルと分けることができ、それぞれの醸造所はワインであればワイナリー、ビールはブリュワリー、日本酒は酒蔵、シードルはシードルリー（英語ではサイダリー）とよばれます。

・ワイナリー

日本で最もシードルの銘柄数を生み出しているのがワイナリーです。特に長野県や北海道、山形県などリンゴ産地にあるワイナリーでは、自社ブランドとしてのシードルはもちろん、近隣のリンゴ農家から委託されシードルを造る事例も増えています。近年では、シードルの人気も上昇傾向にあるため、ブドウが不足しがちな創業時に限り造ろうと考えていたシードルがそのまま定番商品となるケースや、あらたにシードルを造り始めるワイナリーも現れてきています。

・ブリュワリー

ニッカシードル（製造元：ニッカウヰスキー、販売元：アサヒビール）、キリンハードシードルに代表されるように、日本のシードルも海外同様ビールメーカーで最も多く生産されています。また小規模なマイクロブリュワリーでもシードル造りを行うことが比較的容易で、果実酒製造免許がない場合でも、発泡酒製造免許でシードルといえるものが造れます。その際、麦芽をほんの少し入れる必要がありますが、麦芽使用比率67パーセント未満という上限は法律上決まっているものの、下限が規定されていません。したがって、少し麦芽が入っていれば、リンゴの果汁でシードルが造れます。シードルの販売が軌道に乗ったブリュワリーでは、リンゴ100パーセントで造ることができる果実酒製造免許を取得する事例も出てきています。

・酒蔵

日本酒の酒蔵が、果実酒製造免許を取得してシードルを製造するケースもあります。リンゴ産地にある酒蔵であることが多く、地元の要望に応えて参入することも多いようです。味わいはどことなく日本酒の風味を感じることができます。また、発酵中にシードルを瓶ごとお湯に入れて発酵を止める低温殺菌（火入れ）の技術や設備を持っているため、瓶内二次発酵の甘口のシードルを造ることができます。

・シードルリー、サイダリー

これまで挙げた醸造所は、ワイン、ビール、日本酒などをメインに造る醸造所がシードルを造っているケースです。今、一番注目されているのはシードル専門の醸造所です。メディア各社から取材を受ける際も、シードル人気の裏付けとしてシードルの専門店や専門醸造所について問い合わせがあります。現在、シードル専門の醸造所は全国に12軒ほどありますが、海外のシードル生産国であるイギリスやフランス、アメリカ等に比べたら、まだまだ少数です。今後シードルの需要がさらに増えることで、シードル醸造所はもっと増えるでしょう。

シードル醸造所とひと言でいっても、その設立背景、事業内容で分類すると、さらに3つのタイプに分けられます。

タイプ① リンゴ農家の醸造所

リンゴ農家が多角化の一環として第二次産業であるシードルの製造も行うケースです。リンゴやシードルの販売自体も自ら行う三次産業の小売業務も事業範囲に含まれるため、農林水産省が推進する六次産業化の取り組みと位置付けられます。リンゴを潤沢に確保できるため、特に原料にこだわる傾向があります。

【事業者の例】
タムラファーム（青森県弘前市）
もりやま園（青森県弘前市）
マルカメ醸造所（長野県松川町）
ファーム&サイダリー カネシゲ（長野県下條村）
Vine Vie（長野県松川町）

タイプ② シードル専門醸造所

シードルの製造を主業としており、基本的にはリンゴ畑は直接所有せず、原料のリンゴは株主や近隣の農家などから調達してシードルを造ります。今後は、原料のリンゴにこだわってシードル専用品種を栽培したり、リンゴ産地の担い手不足に対応したりするため自社でリンゴ畑を所有するケースも増えてくると思われます。

【事業者の例】
増毛フルーツワイナリー（北海道増毛町）

アップルランド山の駅おとえ（北海道深川市）
弘前シードル工房ｋｉｍｏｒｉ（青森県弘前市）
林檎学校醸造所（長野県飯綱町）
たてしなップルワイナリー（長野県立科町）
カモシカシードル醸造所（長野県伊那市）

タイプ③ 商業施設併設醸造所

飲食店や小売店を本業としつつ、その差別化の一環として醸造所を併設してシードルを製造している事業者です。気軽に見学ができるよう、同じ建物の一角に製造所を設けていることも特徴のひとつです。原料のリンゴは、基本的には近隣のＪＡやお付き合いのあるリンゴ農家から仕入れます。シードルの製造者というよりも商業者というイメージが強くなります。

【事業者の例】
Ａ－ＦＡＣＴＯＲＹ（青森県青森市）

GARUTSU代官町醸造所（青森県弘前市）

注目を集めるシードル専門醸造所

シードル市場が成長するとともに、シードル専門醸造所が注目され始めています。シードル醸造所が開業するに至っては、生産者それぞれにシードルとの出会いがあり、その目的や目指す味わい、スタイルにも違いがあります。ここではその事例を紹介します。

・リンゴ農家の醸造所

1軒目、長野県南部の下條村にある**「ファーム&サイダリー カネシゲ」**は、長野県で初めて農家が自ら果実酒製造免許を取得した醸造所です。運営する株式会社道の代表を務める櫻井隼人さんは、元アパレル関係の仕事をしていて、同級生で果樹園であるカネシゲ農園代表の古田健詞さんに誘われ、農業の道に踏み出しました。自分た

リンゴ畑に囲まれた場所にあるファーム＆サイダリー カネシゲ

ちのリンゴらしさを残し、アメリカのようなカッコいいクラフトサイダーを造りたいという思いから、「ガレージサイダリー」をコンセプトに海外の生産者、醸造スタイルなどに強く影響を受けて、構想からわずか1年で醸造所をスタートさせた、行動力ある若手生産者です。**「カッコいい」にこだわる理由は、若い人にもっと農業を担ってもらいたいため**と教えてくれた櫻井さんたちが、カタチだけでなく行動でも示す姿は、つい応援したくなってしまう人間的魅力にあふれています。

青森県弘前市で古くから続くリンゴ農家の「**もりやま園**」は、**リンゴの摘果作業によって収穫前に出る未成熟リンゴ「摘果果（テキカカ）」を使ったシードル**「TEKIKAKA（テキカカ）シードル」を開発し製造販売しています。摘果果には、リンゴポリフェノールが成熟果の約10倍高濃度に含まれていて、1本330ミリリットルあたり1200ミリグラム以上、リンゴ6個分のリンゴポリフェノールが含まれていることが食品検査で判明しています。摘果時のリンゴは、残留農薬の心配があり、シードルの原料には難しいとされてきましたが、実がある程度大きくなった頃に行う二番摘果が近くなると農薬の散布を控えることで、残留農薬を規定値以下にすることがで

デザイナーに設計を依
頼したというオシャレ
で重厚感ある醸造所

テキカカシードルを
持つ森山社長

きたそうです。このシードルが開発された背景には、２００８年に青森県内のリンゴ農家を襲った雹害《ひょうがい》でリンゴが傷ついてしまい、生食用リンゴを、価格の安い加工用として出荷せざるを得なかったことがあります。また、酸味が強い摘果リンゴの果汁と相性の良い酵母探しを行う必要がありました。「20種類近い酵母で試作品を造った結果、これが最後と決めた酵母で最も納得する味わいが生まれた」と代表の森山聡彦さん。**ピンチをバネに革新的な商品を生み出す取り組み**は、今後も注目されそうです。

・シードル専門醸造所

長野県の天竜川沿いに延びる伊那谷の北に位置する伊那市に「**カモシカシードル醸造所**」はあります。長野県の県獣として地域の人々に親しまれているニホンカモシカのように、自分たちも**身近に親しまれるシードルメーカー（シードルリー）になりたい**という願いに、醸し家という言葉を重ねて「カモシカシードル醸造所」と名付けられました。

代表を務める入倉浩平さんが、幼い頃から訪れていた伊那に広がる畑を見て、**遊休農地にせず有効活用するために何ができるだろう**かと考え、ご自身も大好きなリンゴ

中央アルプスの山麓に
あるカモシカシードル
醸造所は、薪ストーブ
の煙突と薪が印象的

の栽培とシードル造りを目指し始めたのは、今から8年前、２０１２年頃でした。事業としての可能性、そして伊那の未来を考えたときに、その土地を活かした農業とそこで採れた農産物の加工や販売に魅力を感じたそうです。そして産声を上げたカモシカシードル醸造所は、約20種類のリンゴを自社農園で栽培する強みを活かし、９月頃に収穫する早生種から、11月頃に収穫する晩生種まで、それぞれ収穫期に合わせて新鮮なリンゴを使い、シードルの酸化を極力避けながら、卵のような白いタンクのなかで仕込みます。また、隣村にある信州大学伊那キャンパスの農学部とも協力し、リンゴの品種改良も行い、日本では珍しい赤い果肉のリンゴ「ハニールージュ」を使ったロゼ・シードルも手がけています。

・商業施設併設醸造所

青森県青森市の「A-FACTORY」は、地方経済の活性化というテーマのもと、**シードルを軸とした地域活性化の複合施設**として東北新幹線新青森駅開業と同時に青森駅隣に誕生しました。店内は地元のリンゴを使ったお菓子やオリジナルシードル、青森県産のシードルも並ぶセレクトショップになっています。販売だけでなく食文化

JR 青森駅に隣接する
A-FACTORY はその
名のとおり工場のよう
な外観が目を引く

も伝えていきたいと併設されたレストランでは、シードルと一緒に料理を楽しんだり県内産の複数のシードルを飲み比べしたり、**館内のシードル工房では醸造の様子を垣間見ることができます。**開発当初は海外産のシードルを研究し、日本人に合う味を追求したそうで、今でも日々工夫して原料となるリンゴの調達からひとつひとつの過程を見直し、改良を重ねて飲んでおいしく満足できる味を求め続けています。

2020年4月には、弘前れんが倉庫美術館敷地内にあらたに「弘前吉野町シードル工場」もオープンし、青森県へのシードルツーリズムがさらにおもしろくなりそうです。

第3章

シードルで起業する

文・蓮見よしあき

シードル事業の魅力とは

世の中には多くの職種がありますが、私たちはシードル造りを職業として選択し、今後も続けていく予定です。さまざまなメリット、デメリットもあるなかで、私が**シードルで起業することをおすすめする理由は以下の3点**からです。

まず1点目は**農家の所得を増やす**ことが可能だということです。

シードルの原料であるリンゴの収穫時期は、産地と品種により違いますが、例年8月から11月頃です。農家にとって収穫時期というものは一年の作業のなかで最も忙しい日々になります。しかしながら裏を返せば栽培した作物を販売する期間が1年のうち3～4カ月しかないということです。しかもそれはリンゴの多品種栽培を実践している農家の話であって、少量品種のみ栽培されている農家なら、さらにその期間は短くなります。

規格外の大きさや、傷がついて生食用として出荷できないリンゴは加工用として出荷しますが、買い取り価格が生食用リンゴと比べてかなり安いのが現状です。今まで

地域で採れたリンゴを使って地域独自のシードルを造る

は加工用リンゴはジュースやジャムの加工用に出荷をされていたのですが、現在はシードルという醸造用リンゴとして出荷される選択肢も増えてきています。

今までは収穫時期にしか販売できなかった、つまり**現金収入がその時期にしかなかったのが、シードルなら一年を通して販売することができる**ようになりました。

そして生食用のリンゴはもちろん、加工したジュースやジャムは賞味期限がありますが、お酒である**シードルは賞味期限がない**ので、すぐに売れなくても、ある程度は在庫として残しておくことが可能です（もちろんできるだけ早い時期に販売して現金化したほうが経営効率アップにつながるのはいうまでもないですが）。

そして農家はただ醸造用リンゴを安値で出荷するだけでなく、それらのリンゴで造られたシードルを自分たちで販売することによって、より多くの現金収入を得ることが可能になります。

もちろんシードルはお酒なので、お酒を売るための免許（酒類販売業免許）の取得は必要となりますが、その手間を考えてもシードル販売は**リンゴ農家の新しい収入源**として魅力があると思います。

2点目は**地域の財産が活用できる**ということです。

今まではシードルの原料であるリンゴはその地域の特産物として販売されていただけかもしれませんが、その特産物であるリンゴを醸造することによって付加価値をつけて販売できるのです。

ただリンゴのままで販売しているときは、ほかに同じようにリンゴを作っている産地や、ほかの果物との競争で大変難しい部分もあると思いますが、**リンゴそのままではなく、シードルに醸造して販売することで、さらなる魅力をつけて消費者に届けることができる**のです。

実際にシードルの生産量が増えていて、さらには同じように農業の六次産業化の流れで付加価値がついた農産物が増えていくなかで、これからは競争も大変になるという意見もありますが、地域のPRを兼ねて、その地域の財産である農産物を通じて発信するチャンネルが増えることはとても好ましいことだと思いますし、今後の発展も期待できるのではないでしょうか。

3点目は**地方活性化に役に立つ**という点です。

これについてはのちほど詳しく説明しますが、最近では農家の担い手不足や高齢化などによって、**地方の農地の荒廃地化が急激に進んで大きな問題**になってきています。

シードル造りを通じて、
地域の活性化にも一役
買う

これは原料のリンゴに関することではなく、そのリンゴを作る人、マンパワーが足りていないのが大きな原因です。

そこでシードル造りやリンゴ栽培に興味ある人にＩ・Ｕターンをしてもらい、その地では今までになかった**新しい視点で地域づくりに参画してもらう**のです。新しい力でさまざまな分野で活躍して、その地域を元気にすることに関わってもらうということが大きな特徴です。

もちろん今や全国各地で人口減少に悩むなかで地方に移住希望する人（特に若い世代）は大変貴重な存在で、今後は全国の自治体からの取り合い状態になるはずです。

そういったなかでシードルを造ることができるという、ある意味その地域の今までになかった魅力を足して、移住希望者をその地に注目させることができるのがシードルというわけです。

ワインやシードルといったその地域の特産品になるものは、観光客を含めた訪問人数の増加、そして販売活動による地元経済の活性化に結びつけることが可能です。もちろんやり方次第なのですが、効果的に行うことによって、地域も元気になり、地域の人々に喜んでもらえるシードルリー起業が可能になるのではないでしょうか。

地域も活性化し、シードル起業を始めた人も地域に応援されながらビジネス的にも独立できる、まさにWIN-WINの関係を目指すことが可能であると考えます。

密接に結びつく地方行政、地方活性化とシードル

都会に住んでいるとなかなかイメージできないかもしれませんが、多くの地方では農業はまだまだ基幹産業です。そして農政という言葉があるように、地方で農業を行うということは行政や農業団体の支援を受けることも多々あり、公的な機関と密接に結びついているケースも多いです。

このことについてはシードル造りも例外ではありません。

特に全国のリンゴ産地を見てみると、ほぼ地方にあり、それも人口が減少している地域が多いのです。

例えばリンゴの生産量が全国で1番多いのは青森県、そして2番目が長野県ですが、リンゴの生産量が多いこと以外の共通点は、両県とも近年人口減少に悩んでいるとい

うことです。

このままでは農業だけでなく、そのほかの産業も働き手がいなくなってしまいますし、現在以上の過疎化、さらには少子高齢化にますます拍車がかかってしまいます。どこの自治体もそういう状態に歯止めをかけるのに躍起になっていますし、「元気で活気のある地方」というのは、その地域住民、誰もが望んでいることだと思います。

そんななかで前項でも記載したように、**シードルで地域を活性化しようとする自治体**も増えてきました。行政側もさまざまな支援をして農業者、シードル生産者を応援したりします。例えば各種補助金や優遇措置、そして国に働きかけての規制緩和、特にシードル特区にその地域を認定してもらうのはその典型的な例でしょう。

行政側としてはそれらの農家、シードル生産者が地域の特産物としてシードルを造り、それを他地域に販売することでその地域のPRはもちろん、農家が経営的に成功すれば納税額アップも望める、自治体の歳入も増える可能性があるということで、ある意味では持ちつ持たれつの関係が成り立っています（簡単にうまくいかないケースも多いですが）。

そういった形で行政と農家は目指す方向が一緒でもあり、**シードルを地域の特産物**

にすることによって、その地域を元気にすることが可能と考える市町村が増えてきていることも、最近のシードル造りの人気の理由のひとつではないでしょうか。

日本農業の起爆剤に、シードル特区を活用

シードル造りと行政との密接な関係は前項で説明したとおりですが、地方のそのようなさまざまな動きが、停滞する日本の農業の起爆剤になるのではないかと、実は多くの人が期待しています。

地方に農業をするために若い人が移住、そして遊休荒廃農地を耕して地域の特産物を作り、その地域を盛り上げていくというのは大変素晴らしいことですが、実際に成功させるのは簡単なことではありません。

そんななかでこれからシードル起業を希望される人にぜひ活用していただきたいのが、現在**さまざまな自治体で注目されているシードル特区**です。

ワイン特区は、最近多くの自治体が認定され、広く知られるようになってきました。

シードル特区はワイン特区のシードル版です。ワイン・シードル特区というように両方の名前を掲げて特区に認定されている自治体もあります。

シードル特区とは地域によって多少の違いはあるものの、基本的には規制緩和の一環で果実酒醸造をするにあたって**酒類製造免許取得時の最低製造基準量引き下げ**が中心です。

例えばリンゴ生産で全国有数の地域である青森県弘前市が認定された「ワイン・シードル特区」については青森県のホームページを見てみると概要について以下のように述べられています。

「当該規制の措置により、構造改革特別区域内において、本市が指定する地域の特産物であるぶどう、りんごを原料とした果実酒を製造しようとする場合には、酒類製造免許に係る最低製造数量基準（6キロリットル）が2キロリットルに引き下げられ、小規模な主体も酒類製造免許を受けることが可能となる。

このことは、新たな地域の魅力・ブランドづくりへと展開し、地域活性化を促進することが可能になる」（一部引用）

難しい言い回しですが、簡単にいうとお酒（シードル）を造るには税務署からの許可が必要です（酒類製造免許）。その免許を取るには1年である一定量のワインの本数を造って販売できるという証明・根拠が必要です（1年で6000リットル、750cc入りボトル換算で約8000本）。しかし、特区に認定された自治体はこのハードルが下がり、3分の1の量（2000リットル、750cc入りボトル換算で約2700本ほど）で酒造免許取得が可能というものです。

この**特区制度を活用することによって、製造する量が少なくてすむので、初期投資にかける費用が少なくてすみます。**また、シードル製造で一番大変なのが、最後の販売するということなのですが、その量も少なくて良いので、シードルを造るという夢に向かって、スタートをしやすくなるというものです（ただし、後で詳しく説明しますが、製造量が少なくなるため、当然売り上げも少なくなるので、最初のスタートとしてはハードルが下がりますが、最終的には製造量を増やして売り上げを上げていかないと事業としてはあまり収益性の高いものとはいえません）。

シードル特区はリンゴで造るお酒に限定されていますが、関連してブドウで造るワインと一緒に原料が果物ということで果実酒というくくりで一緒に申請する自治体も多いです（ワイン特区という名前で、ワイン・シードル特区のようにシードルの名前をつけずに、シードル、さらには洋ナシ、ブルーベリー等、その地域の名産であるほかの果実を使った果実酒を造れるように申請した自治体も多いです）。

シードル特区に認定された自治体への効果はどんなものがあるのでしょうか。

もちろんシードル特区にその自治体が認定されたからといって、すぐその地域がシードルによって活性化するわけではありません。

しかしシードル特区に認定された自治体は少なからずシードル造りに力を入れているというイメージを地域内外に与えます（力を入れていなければそもそも特区を取る必要もありませんから）。つまり、自然と情報発信をしている形になるわけです。

そういった情報発信からシードルを造ってみたい人、リンゴ作りに関心が深く、アンテナを張っていた人たちから注目され、なかには実践をしたくなって実際に移住してくる人もいます。

私のワイナリーのある長野県東御市も２００８年11月にワイン特区を取得した当時はワイナリーが一軒しかなかったのですが、今は10軒を超え、今後もさらに増える見込みです。そして新しくワイナリーを始めた全員が市外からの移住者になります（２０２０年８月現在・畑のみの生産者を除く）。そして２０１５年には周辺自治体とも連携して（４市、３町、１村）、全国でも珍しい広域でのワイン特区にその範囲を広げました。現在では約20のワイナリー、これからできるであろうワイナリー・シードルリー予備軍を含むと約30になり、今後、全国的に見ても一大果実酒製造拠点となることは容易に想像できるかと思います。

これからワイナリーを始める予定の予備軍の方も含めて、特区がなければこんなに多くの人が移住してくるということもなかったでしょう。

こういった**規制緩和の一環であるシードル特区をうまく活用してシードル起業を行うのがポイントのひとつ**ではないでしょうか。

（参考）弘前市ホームページより

シードルリーの作り方、まずはどこから始めるか

さまざまな生き方があるなかでシードルを造るということを生業にする、つまりシードルリー起業という生き方は、リンゴとシードル造りが本当に好きでやる気があるのなら、人生をかけて取り組んでみる価値のあることだと思います。

ただスタートするにあたって何から始めて良いかわからない人がほとんどだと思います。

というわけで、行動に移す前にいくつか確認、調査等で時間と手間を費やさなくてはならないことがあります。それは以下の3点：**①場所、②資金、そして③周りの人の説得**です。

ワイン、シードルを醸造するはすみふぁーむは長野県東御市（とうみし）の山のなかでたった一人で始めた

①場所をどこにするか

シードルリーを建設する場所は極めて大切です。どの都道府県で始めるか、そしてどの市町村にするか、どの畑を貸してもらえるか、そのアテがあるか等々、事前にしっかり検討しなくてはいけない事項は山ほどあります。

畑を始めるということは、地方に移住して農業を始めるというパターンがほとんどだと思います。まずはどの地域に行きたいかを決め、その地域のことを調べることが最初のスタートです。

現在住んでいる場所からの交通の便、その地域の生活状況もしっかりと調べるのが必要です。インフラ、物価、学校、病院、スーパー、公共交通等、ご自身の生活スタイルに合わせてしっかりチェックしましょう。

また、シードルリー起業、さらにはリンゴ畑も始めたいという人はその市町村の新規就農者の受け入れ体制も大きなポイントになります。

理想だけを追求すれば、普通はリンゴ畑に面した場所で醸造所を作るのが無駄もなくておすすめではありますが、タイミング等の問題もあるので、実際に現地を訪問してから市町村の担当者に相談すると良いでしょう。

②資金をどうするか

お金の問題はとても大きな問題です。このことが原因で夢を挫折する可能性もありえます。自己資金がたくさんある人は良いのですが、この本を読まれている人のほとんどが限られた資金でシードルリー起業にチャレンジするのだと思います。

資金が足りない場合、親戚や友人に資金を借りる、出資者を募る、クラウドファンディング等で資金調達する、金融機関に融資の相談をする等の情報収集を始めてください。

また、受け入れ先の自治体に各種補助金があったり、商工会等を通じて金融機関を紹介してもらうという制度があったりしますので、移住先が決まったら相談してみると良いでしょう。

資金調達をするときに重要なのが、ある程度具体的な将来の販売計画です。金融機関に相談するときも、すでに**見込み販売先が決まっているとより説得力があります。**具体的には酒販店、飲食店等の取引見込み先をこの時点から開拓しておくと良いでしょう。特に酒造免許を申請する書類のなかで、あなたが製造したシードルを販売してくれるという取引承諾先を見つける必要があります。知り合いの酒屋さん等がいれば一番良いのですが、もし誰も知り合いがいないのでしたら、近所の地域密着の酒屋さんに相談してみると良いでしょう。

いずれにしても販売先の見込みがあればあるほど資金調達にはプラスになりますし、事業失敗のリスクを抑えられ、さらには次の③で述べる周りの方々の説得もしやすくなると思います。

③家族、友人等をどうやって説得するか

ある意味これが一番簡単そうに見えて難しい課題かもしれません。

結婚して家庭を持っている人、独身で自由に動ける人、それぞれによって事情は違うと思いますが、**シードルリー起業というものは一人ではできません。**周りの方々の応援、サポートがあって初めて達成できるものです。

あなたの周りの人、特に家族にはあなたの夢を理解してもらい、応援をしてもらわなくてはなりません。

最初にあなたの夢を伝えると、多くの人がびっくりすることでしょう。なかには「絶対失敗するからやめなさい」と言ってくる人もいることでしょう。

突然の話ですから、本人だけが乗り気であっても周りは困惑するのは当たり前のことです。それも本人だけが勝手に暴走してあれもこれも進めてしまってから家族に事情を話しても、「そんなこと勝手に決めないで!!」と怒られるパターンはドラマ等でも良く見る光景です。

とはいっても最初は大反対していても、粘り強く説得すれば理解を示すどころか、反対に応援してくれるケースもよくあります。時間はかかるかもしれませんが、あなたの熱い思いを真摯に伝えれば、理解されて必ず道は開けると信じて説得していくしかありません。

家庭があり、子供の転校の問題等もある場合、最初は本人が単身赴任で行って様子を見て、そのあと家族が合流するというパターンもありますし、そのまま単身赴任を続けて、週末だけ本人が家に帰るというようなパターンもあります。

いずれにしても自分の夢を実現するということは、違った言い方をすれば自分のわがままを通すということでもあります。より多くの人に理解し、応援してもらわなくては、夢は叶いません。真摯に自分の思いを粘り強く伝え、理解してもらえるように最善を尽くしましょう。

リンゴ畑を始めるには

シードル造りは農業です。原料であるリンゴ栽培から始まって、収穫したものを醸造し、付加価値をつけて販売する。シードル造りは農業の6次産業化の典型的な例だと思います。

もちろんリンゴを購入してリンゴ畑を持たずにシードル造りをする人も多いですが、最近はゼロからすべてをやってみたいと、リンゴ畑から始める人も増えているようです。

先祖代々リンゴ農家を営んでいて、すでにそれなりの生産量があって栽培技術もあるような人は、畑のスタートの仕方等はすでにご存知でしょうから、この項目は飛ばしていただいて良いと思います。

ただ農業がまったく初めてという人は、畑探し以前に農業というものをどのように行っていくかを勉強する必要があると思います。それと同時に移住先を選定することも次のステップになります。

Iターン、Uターンで地方に移住するというやり方は大変多いです。まずはインターネット等で情報収集して、候補地をいくつか選んでから実際に現地を訪問するというパターンが主流のようです。

特に土地勘等がなければ、よく活用されるのが**全国各地で行われている農業フェア**等です。年に複数回、大きな都市で全国各地からの自治体、農業関係者が集まって新規就農者フェア等で情報収集されるのも良いと思います。その自治体からの担当者と実際に話ができるのが良いのではないでしょうか。質問にもその場で答えてもらえます。

その地域で農業を行うということは、その地域に移住してその地域に溶け込み、地

域の一員として活動していくということです。

移住したは良いが、リンゴとシードル造りだけやって、人付き合いは苦手という人は考えを改めたほうが良いでしょう。つまりそのくらいの覚悟がないと農業で成功することは難しいと思います。

とはいっても、いくらお金を出しても先祖代々の大切な畑を知らない人に貸してくれるということはなかなかありません。まずは地域の顔がきく存在の方には必ず挨拶に行ってください。できればどなたかの紹介のほうが良いです。

田舎の人は往々にして最初は壁がありますが、地域にうまく馴染むことができればとても親切にしてもらえます。

実際に耕作してみたい畑が見つかれば、次は賃貸の交渉です。多くの農家がそうですが、先祖代々受け継いでいる畑以外、特に移住して新規就農でリンゴ畑を始めた人のほとんどの畑が賃貸によるものです。価格は地主さんとの話し合いで決まるのですが、短い畑だと単年契約（リンゴの木が育つことを考えるとあまりないですが）、長いものだと20年契約ということもあります。

賃貸料はあくまで地主さんとの交渉で決まりますが、各自治体の農業委員会が相場

リンゴ畑での収穫作業の様子

を定めているケースが多く、たとえば長野県東御市の場合は成木のリンゴ畑だと1反分（300坪）で約1・1万円／年くらいが相場のようです。

反対に誰も担い手のいないような畑だと、そのまま荒らしておくのは近所迷惑になるからといって、小作料はタダでも良いから畑をやってくれというケースもたまに聞きます。

ちなみに私がシードルを造る醸造所を建築した場所ですが、ここも元々農地でした。この畑はさすがに自分の農産物加工施設を建設するわけですから、購入することにしました。

453平方メートルを200万円で購入しました（2009年当時）。農地、しかも人里離れたところだったので、宅地と比べれば安く、農産物加工施設をたてるということで、農地の値段で購入できました。

ただこれは長野県の話で、同業者の話だと北海道のような土地が広大になる地域だとさらに安価で購入できるようです。いろいろリサーチしてみると良いでしょう。

リンゴ農家がオリジナルブランドのシードルを造る

シードルの知名度が上がるにつれて、国内外の産地を問わず多くのシードルを酒販店や飲食店で楽しむことができるようになりました。

いわゆる大手の造ったシードルから海外の有名ブランドまで本当に多くの選択肢が増えてシードルファンにとってはとてもうれしい限りです。

そういったなかで大手の有名なシードルに混じって、大変小さい造り手、または醸造施設を持たない、つまり普通のリンゴ農家によるオリジナルブランドでのシードルもさまざまな場所で飲んだり購入できたりするようになりました。

造り手が違うのはもちろん、リンゴの産地、品種、製造方法の違いなどによってそれぞれ個性のある商品ができるということは、シードルファンの商品選択肢が広がりますし、シードル業界にとってもより多くの造り手が気候や土壌の違う畑で栽培された原料を使ってシードルを醸造することは、業界の裾野を広げて活性化することに役に立つと思います。

オリジナルブランドのシードルを造るのは究極の夢

同じリンゴ品種で同じように造っても、リンゴが栽培された畑が違えば味わいも異なります。シードルファンはそういった味の違いにむしろ興味を持って、飲み比べを楽しんでもいます。

そういった傾向を鑑みて、**これからのリンゴ農家がビジネスでシードル造りに挑戦する最初のステップが農家自身のオリジナルブランドのシードルをプロデュースする**ということだといえます。

お酒を販売するには酒類販売業免許というお酒を販売する免許が必要です。ビジネスとしてお酒を販売する許可、つまり酒屋さんになる必要があるわけです。

ひと昔前は酒販免許を取得することは至難の業でした。しかし最近は規制緩和もあり、比較的取得のハードルが低くなっています。酒販免許は税務署に申請して取得するものなので、あくまで当局の判断ですが、きちんとした事業計画を示すことができれば一農家でも取得することは十分に可能です。

シードルを実際に製造するにはお金も時間もかかりますが、シードルの製造自体は酒造免許を持った専門の造り手に頼んで全量を買い取り、世界唯一の自分のオリジナルブランドとして販売するということができるのです。

これによって自社販売の選択肢は広がりますし、顧客開拓をスタートすることができるので将来的にも長期的に応援してもらえる顧客を掘り起こす、つまりロイヤルティカスタマーを作りだすことができます。

さらには年間を通じて国内外のさまざまな場所で行われているワイン、シードルなどの展示会、イベント等でも自社のブースを出して業界関係者、シードルファンにアピールすることが可能になります。

おもしろいことにシードルやワイン関連のブースは誰でも知っているような大企業でも、委託醸造して初めて出展するような会社でも同じ1社として扱われます。

毎年さまざまな場所で開催される展示会や試飲イベント等に出展して一般のシードル愛好者に名前を知ってもらうことは経営上プラスになりますし、それがきっかけで酒販店や飲食店と取引が始まる可能性もあります。

そしてその先の展開として酒造免許を取得して夢である自分自身のシードルリーを建設するということも考えられますが、とにかく費用、時間がかかります。まずは自社農園のリンゴを委託醸造で酒造免許を保持しているワイナリーにシードルを造ってもらい、そのシードルにオリジナルラベルを貼って、自社ブランドとして販売するという方法がよりスムーズにいくと、ワイン、シードル造りを始めた多くの人を見て強く感じています。

もちろん最初から醸造所を建設して好きなシードルを思いのまま造るというのが理想ではありますが、資金の問題、そして経験の問題等でそれが難しい場合はひとつひとつ目の前のハードルをクリアしていくことが重要だと思います。少しずつでも着実に目標に近づいていき、夢である自分自身のシードルを造る。時間はかかるかもしれませんが、こういったやり方がリスクを抑えながら確実にゴールに到達しやすい方法だと思います。

夢であるシードル造りを目指すのにさまざまな方法があるなかで、ゼロからスタートするのなら、このやり方が確実でリスクも少ないのでおすすめです。

酒販免許について

シードルを販売するには、大きく分けて**2通りの方法**があります。

それは販売の仕方が違うものですが、**①酒販免許なしでの販売**と、**②酒販免許を取得しての販売**です。

①の酒販免許なしでの販売は、前述のとおり、シードルはお酒ですので、お酒を販売するのは酒類販売業免許（酒販免許）が必要です。

日本全国どこでもお酒を販売しているお店（酒販店、デパート、スーパー、コンビニエンスストア等）は、必ずこの免許を取得して営業しています。

ただし自分自身でシードルを直接販売するのでなければ酒販免許を取得する必要はありません。つまりオリジナルブランドの構築はラベル等で行い、製造と販売は他の業者に行ってもらうやり方です。

具体的にいうと既存リンゴ農家が知り合いのシードルリーにシードルを醸造してもらい、その農家名が記載されたオリジナルラベルを貼ってもらい、近所の酒屋さんを通じて販売する。法律上必要な事柄（製造者名、容量、アルコール度数、果実酒表記、未成年に対する警告文等）が裏ラベルに記載してあれば、表ラベルは好きにデザインすることが可能です。農園や畑の名前、リンゴ生産者の名前を入れてブランディングされる方もいらっしゃいます。

この方法のメリットは、酒販免許取得等の手続きなしでオリジナルブランドを構築できるということでしょうか。自分での手続きは最低限でほかの業者のチャンネルを活用できるからです。

デメリットとしてはラベル使用等を通じてオリジナルブランドを作る方法だと、自分自身で直接販売するわけではないので売上高に限界があるということです。

これは農商工連携という形になるのですが、酒販免許がないため、一番肝心な最後の販売という部分を直接コントロールできません。販売価格を決める権限がないばかりか、売り上げも直接自分のところにかえってきませんので、利益性に乏しいというのがデメリットになります。

次に②の酒販免許を取得しての販売についてです。

酒販免許の取得は全国各地の税務署で可能です。必要な書類は税務署の窓口、または国税庁のホームページ等で閲覧可能です。

酒販免許には大きく分けて、普通タイプと通販タイプの2種類あります。普通タイプはいわゆる街にある酒屋さんが保持している免許と同じものです。普通の酒販店のようにシードルを陳列して、販売、さらには配達に行ったりすることが可能です。

通販タイプは、その名のとおり通販専用の免許です。オンラインショップやホームページからの販売等のみが許可され、普通タイプのように店頭での販売はできません。

どちらが良いのかは、規模や人手等によっても異なりますが、シードルを陳列して販売、さらには試飲などのスペースが確保できるのでしたら普通タイプ、販売量も少なくホームページやオンラインショップを自分たちで作ったりできるのでしたら通販タイプといったところでしょうか。

それに加えて普通タイプと通販タイプの両方を一緒に申請することも可能です。シードルを陳列販売、試飲するスペースがあり、オンラインショップでも販売している生産者はほかにもたくさんいます（ちなみに酒造免許を保持している生産者はその会社で造られたシードルを自社販売する場合は、あらたに酒販免許を取得する必要はありません。あくまで自社製品以外のシードルを販売するときに別に取得する必要があります）。

酒販免許を取得するのにどのくらい時間がかかるのでしょうか。申請時の書類等に不備がなければ、**通常2カ月ほどで取得が可能**と聞いています。私の経験上ですが、正直これは税務署の担当者によるような気もします。大変細かく調べる職員、あまり細かいことはいわない職員。税務署の職員も人間ですから、人によっての違いはあるでしょう。我々申請する立場の者にとってはどんなことを聞かれてもすぐ説明できるようにしっかり準備をしておきたいところです。

②の酒販免許を取得して自身でオリジナルブランドのシードルを販売するときの**メリットは、販売価格を自分たちで決められること**です。うまく販売できたらより利益性を高めることができます。さらには店頭やオンラインショップ等も活用して販売するので、ビジネスの幅が広がるということも見逃せないポイントです。

反対に**デメリットとしては、酒販免許を取得する手間**でしょうか。時間もかかりますし、申請に必要な書類を集めるのも一苦労、さらに申請中でも書類の不備等でなかなか審査が進まないときもあります。また、店頭販売するときの販売場の確保、整備、そしてオンラインショップの立ち上げ等で費用もかかります。

ご自身がこれから目指しているシードル造り、そして現在の規模、さらには自身の資金状況等も踏まえて、そのやり方がベストかどうかもよく考えて総合的に判断すると良いでしょう。

醸造所の作り方①　資金について（はすみふぁーむの場合）

移住する場所が決まって、リンゴ畑も耕作できる目処がつき、家族、友人の理解もある程度得られるようになったら、次は一番の大きな課題になる実際にシードルを造る醸造所、すなわちシードルリーをどうするかということです。

私が最初に起業したときは潤沢な資金もなく、余裕がほとんどないキッキッのプランを組んでしまったので、本当に金銭的にも精神的にもきつい日々が長かったです。

金銭的にもそうでしたが、私が醸造所を作ろうと思ったときはこのような本もなかったうえ、まだ世間からワイン、シードル造りに対する理解もほとんどなく、さらにはワインアカデミーのようなワイナリー、シードルリー建設を支援してくれるような機関もなかったので、正直どうして良いのかまったくわかりませんでした。

独立して自分の畑を始めたままでは良かったのですが、まだ間もないこともあり、農業からの収入は本当にお小遣い程度。それまで醸造所を建設するには億単位のお金が必要といわれていたなか、年収が数十万円の若造が将来醸造所を作りたいといっても、役所も金融機関、同業者、私の友人でさえ話をまともに聞いてはくれませんでした。

当時は醸造所を始めるには複数の大きな壁があったのですが、ただ固い決心のもと、ビジネス書などを読みあさり、当時の自分にとって何をしたら一番目標達成に近づくことが可能かということを考えに考えました。

それは現実的に考えると、私一人だけでも醸造ができ、コンパクトで機能的な醸造所を作るということでした。既存の倉庫のような建物を賃貸で使用してさらに安価で行うという選択肢もありましたが、私自身ではやはり醸造所は景色が良くて素晴らしい環境のなか、山のなかの小さな別荘のようなイメージを勝手に持っており、そのこだわりを最大限に考え、できる限り無駄を省いたスリムで使い勝手の良いものにするようにしました。

結局そのような物件は、既存の建物ではこの地域に存在しなかったので、土地を購入して建物を新築することにしました。

そして醸造の技術面の不安、わからなかったことは、地域の同業者の先輩たちに、経営、お金の融資等に関しては商工会等に相談をしました。

やはり起業して経営が安定するまでは数々の難題が降って湧いてきますので、そのひとつひとつで挫折をしないで、常に相談できる方々（メンター）がいると実務面でも精神面でも大変ありがたかったです。
特にこの業界は小さな業界ですので、常に気軽に相談できる存在の人がいると、いろいろ頼りになると思います。
シードルリー起業に限らずどんなビジネスでもそうでしょうが、起業してから経営が安定するまでは山あり谷ありです。順風満帆な経営を持続できるところはごく限られた企業のみでしょう。スタート時は特にさまざまな難題が降りかかってくると思いますが、そこで諦めてしまったら終わりです。多少の時間はかかるかもしれませんが、決して諦めないで、少しでも前に進んでいけば、いずれ目標におのずと近づいていくはずです。

若い時の苦労は買ってでもしろとよく言いますが、将来のシードルリー経営を成功させるためにも起業時の苦労は必ず報われると信じて、何事も前向きにとらえて夢に近づいていきましょう。

私は元々シードル専門の醸造所を作ろうと思ったわけではなく、ワイナリーという位置付けでワインとシードル等を造る醸造所を作りたく、土地を購入して建物を新築しました。２０１０年に醸造所が完成し、翌２０１１年3月にワイン、シードルを製造することができる酒造免許を交付されました（奇しくも東日本大震災の4日前でした）。

結局のところ既存の建物を賃貸で利用したりせず、新築したので、これにはそれなりにお金がかかりました。これが良かったかどうかはなんともいえないのですが、金銭的には本当に大変でした。

私の著書『ゼロから始めるワイナリー起業』にも詳細な経費の内訳は記載してありますが、ここで再度掲載しますと、

初期投資の合計は、

土地代……………………………２００万円
ワイナリー施設建設代　………１３００万円
酒造免許取得分の機材購入代　………約２５０万円
酒造免許取得印紙代………………………15万円

土地権利書換等の行政書士委託料 ……30万円
その他諸経費……………………………5万円
合計 ……………………………………約1800万円
（ただし前書でも述べているように私は建物の新築を希望したので、それ相応の金額がかかっています。もし既存の食品加工に適した建物を安価で賃貸することができれば、建物に費やす金額を抑えることができますし、さらには、行政書士に代行を依頼した農地の名義変更も自分で行えば、さらに経費を抑えることが可能です）

この後2014年のことですが、さらに規模拡張を図り、醸造所の拡張、醸造機材の購入をしたので、追加で800万円ほどかかっています（ただし追加投資に関しては国の6次産業化にともなう補助金を使い、3分の2の補助がありました）。それにともない、金融機関から400万円ほどの融資を受け、個人、法人からの出資も追加で約850万円ほど受けました。

規模拡大にともない、私一人ではすべてのことを行うことが不可能となり、人を数名雇うこととなって人件費がかさみました。

結局のところ、良い設備を作ろうと思えば、いくらでもお金がかかりますし、それが可能な方はぜひそうすれば良いと思うのですが、それが難しい場合は知恵をしぼる必要があります。少ない予算なら高価な機材は購入できないので、その分を人の力で補う、まさに人力、つまりそれなりの体力も必要となってきます。特にシードル造りは収穫したリンゴの入ったコンテナや各種タンク等、重いものを持つ機会がたくさんあります。**自身の体力と懐具合と相談して、無理のない設備投資**をしてください。

醸造所の作り方②
シードル造りに最低限必要な機材と価格について

先ほども記載したように私の醸造所はワインとシードル、つまりすべての果実酒が造れるように建築したものです。２００８年に東御市が取得したワイン特区を利用して酒造免許を取得しました。

ワイン特区の基準、年間2000リットルを生産するのに必要な機材を購入して所定の書類に記載、税務署に提出することになります。

審査自体は各税務署によって違いはあるようです。さらに同じ税務署でも担当の方によって言っていることが違ったりもします。一番厄介なのが、申請途中で担当者が人事異動で変わり、前任者がそれでOKと言っていたことが、後任者に変わってからそれではダメと言われる場合です。私も実際に経験して大変苦労しました。正直それが原因で酒造免許の取得が一年遅れました。とはいっても、それに対して文句を言っても始まりません。どんな担当者にでもしっかり説明ができるようにしておきましょう。基本的には酒税担当者は実際に現場を見にきたりする場合がほとんどですので、準備を万全にしておいてください。

ワイン特区での酒造免許は果実酒の生産量が3分の1に緩和ということで、タンクなどの機材も通常の免許よりは大分少ない数の購入で許可がおりる可能性があります。

リンゴを搾汁するプレス機などもバスケットプレスを使えば安価で購入できます。海外の小規模な造り手のなかではプレス機をＤＩＹのように自作で作ってワイン造りをしているようなところもあります。

また、**できる限り中古品でそろえるのも安価でスタートさせる基本**です。新品の機材はある程度シードルが販売できて、ビジネスの成り立つ見通しがたってからでも決して遅くはありません。

参考までにシードル造りに特化して、私の経験上、最低限必要な機材を列記してみました。特区を利用した酒造免許を取得するときに最低限必要な機材は以下のとおりです。ただし前述したように税務署の担当によってほかの機材の購入も必要とされる場合もありますので、最終的には各税務署の酒類担当官に確認を忘れずにお願いします。

1　ミキサー（新品）　1台

リンゴを粉砕するもの。10万円。値段は新品のもの。生産量が多くて大型を使う場合は20万円ほど。探せばより安価な中古のものがあるかもしれない

2　モロミ受け用コンテナ

破砕したリンゴを受け取る入れ物。ホームセンター等で購入可能。数千円程度

3　バスケットプレス

粉砕したリンゴから果汁を取るのに使用。木製のものなら新品で30万〜50万円ほど。空気圧での自動式なら100万円ほど。DIYで手作りすればかなり安価に

4　タンク

酒造免許を取得するためなら、合わせて2000リットル分のタンクが必要。ただ実際に使用する場合は、発酵用、保存用等に分ける必要あり。はすみふぁーむでは中古の開放型タンク（1000リットル、2000リットル）を使用、中古で5万〜8万円、新品で10万〜15万円くらい）。開放型角層タンク（1000リットル）ならさらに安価

5　ポンプ

リンゴの果汁、発酵後のアップルワインの送液に使用。はすみふぁーむのポンプは

中古で5万円ほどのものを使用。新品だと性能にもよるが、10万～100万円のレンジがある

6 瓶詰機

発酵の終わった、もしくは発酵途中のアップルワインを瓶詰めするのに使用。はすみふぁーむのものは日本酒用の中古瓶詰機。5万円。新品だと機能によって20万～50万円ほど

7 その他、ホース、分析機材、バルブ、工具等

これ以外に知り合いのビールメーカーさんから使用しなくなったビールタンク（820リットル）をもらいました。

上記以外で、実は馬鹿にならないのが輸送費です。業者の倉庫がそんなに遠くなければ、軽トラ等で自分で取りに行くと、その分経費削減できます。

ただ誤解のないようにいっておきますが、資金を極力まで減らして起業するという

ことがベストであるわけではありません。金銭的に何千万円、ちょっと大きなものであれば億単位の資金が必要であるといわれるワイン、シードル造りですが、やり方によってはこの程度の資金でスタートすることは可能です。しかしながら、より多くの資金で設備の充実した施設でシードル造りをスタートできるのなら、それにこしたことはありません。

右記は酒造免許申請時の必要最低限の機材であって、より効率的な、そして使い勝手の良いシードルリーを目指すとなると、さらなる追加投資が必要となってきます。将来的な投資を視野に入れながら最初の計画をしっかりたてると良いでしょう。

搾汁機での作業の様子

醸造所の作り方③

余裕ができたら購入を検討したい機材と価格について

さまざまな方法があるなかで、シードルリー起業はワイナリー起業より安価にできると考えます。

その理由は、シードル醸造のほうが使用する機材も少なく、原料であるリンゴを購入する場合の仕入れ値もブドウと比べるとかなり安い、さらにはシードルのほうがワインと比べて商品化する期間が短く（一部の新酒、いわゆるヌーボータイプを除く）、現金化できるスピードが早いので、一番最初の投資が少なくてすむという点です。

私が提案して実際に実践してきた起業のやり方には賛否両論、さまざまな考え方があると思いますが、基本的に起業のスタートはできるだけリスクを最小限に抑えるべきです。最初は少額投資に抑え、シードルが売れるようになって、少しずつ事業が波にのってきたら、そこから出た利益で設備投資を行っていき、金融機関等からの借入金はできるだけ少なくしながら、より使い勝手の良い作業場にするということです。

最初の免許取得時にはなかったものの、これから購入を検討して作業の軽減、より効率的なシードル造り、品質管理上あったほうが良いものなどがわかってきました。

規模が大きくなり資金に余裕があるときに導入を検討してほしい機材、設備

1　フォークリフト

特区を活用して取得した酒造免許なら2000リットルが最低醸造量なので必要ないかもしれませんが、さすがに通常の酒造免許、つまり6000リットルの醸造量を超えてくると、すべて人力で作業を行うということには限界があります。フォークリフトを購入、リース等で活用したいものです。

2　空調設備のあるシードル保管庫（セラー）

そもそも特区あり、なしに関係なく、酒造免許を申請するときに瓶詰めしたシードルを保管する場所は申請用紙に記載しなければなりません。しかしながら申請用紙には場所を記載するのみで、その保管場所の性能については特に記載する必要がありま

せん。私も最初に酒販免許を申請したときは、自宅を改造して自宅の押入れをセラーとして申請しました。もちろんそれでも良いのですが、生産量が増えて、ある程度の品質管理が必要になってくると、しっかり空調のついたシードル保管専用の部屋が必要になってきます。はすみふぁーむでは現在セラーを二部屋分作りました。ひとつは空調付き、もうひとつの部屋は空調なしですが、ふたつの部屋はドアで隣り合わせになっており、ドアを開ければ空調が流れ込む仕組みになっています。もちろんそれぞれのセラーの壁に建設時から断熱材がしっかり入っており、部屋のなかの熱を逃さない仕組みになっています。空調や断熱材を整備することで当然費用がかかってしまうのですが、より高い品質管理への意識で、シードルをより良い状態でお客様にお届けするという意識が大切だと考えます。

3　より性能の良いポンプ

ポンプの性能は作業の効率に大きく影響します。私も最初は中古で5万円ほどの安いポンプを買って使っていましたが、よく壊れてストレスの原因になっていました。金銭的に余裕ができてきたら、より良い性能のものを使うと効率が上がるだけでなく、シードル、リンゴ果汁をより良い状態で移動させることができます。

4　瓶詰め機

これもポンプと同じで年間生産本数がまだ数千本のうちでしたら、注ぎ口が４本〜６本ほどでサイフォン方式のもので十分だと思います。ただ規模が大きくなってきたら瓶詰め機も性能の良いものに変えていったほうが、効率的にも、シードルに対するダメージ的にも極力酸化や劣化を防ぎながらスムーズに作業を行えると思います。

5　オンラインショップ、直営店

この後の項でも詳しく説明しますが、**シードル起業で一番大切、そして大変なことは販売して利益を得る**ということです。生産量が少ないうちは特にそうなのですが、できれば直販でコミッション等の支払いをできるだけ少なくして、手取りを多くするほうが良いと思います。そのためには自分で造った**シードルを直接消費者に届けるチャンネルを構築**しなくてはなりません。それには酒販免許を取得して、ホームページ等を制作して、直接消費者がシードルをオンラインで購入できるようにする必要が

■はすみふぁーむの初期投資（→ P95）　（単位：円）

土地代	2,000,000
ワイナリー施設建設代	13,000,000
酒造免許取得分の機材購入代	2,500,000
酒造免許取得印紙代	150,000
土地権利書換等の行政書士委託料	300,000
その他の諸経費	50,000
合計	18,000,000

■シードル造りに最低限必要な機材と価格（→ P97）　（単位：円）

ミキサー	新品	100,000
モロミ用受けコンテナ		数千円
バスケットプレス	新品・木製	300,000～50,0000
	空気圧での自動式	1,000,000
タンク（1000～2000L）	中古	50,000～80,000
	新品	100,000～150,000
ポンプ	中古	50,000
	新品	100,000～1,000,000
瓶詰機	中古	50,000
	新品	200,000～500,000
※その他（ホース、分析機材、バルブ、工具など）		

■余裕ができたら購入を検討したい機材など（→ P103）

フォークリフト
空調設備のあるシードル保管庫（セラー）
より性能の良いポンプ
瓶詰め機
オンラインショップ、直営店

※金額は目安です。

あります。さらには店舗等を借りることができるのなら、直営酒販店を始めるという選択肢もあります。直営酒販店というと資金が必要と思われるかもしれませんが、私が最初に酒販免許を取得して果実酒販売を始めたときは、自宅の玄関先（引き戸の普通の家です）に看板をつけてスタートしました。当然費用はほとんどかかりませんでした。そして酒販免許を取得して店舗を持つと配達もできるようにもなります。

さて、右記の機材、設備が整って初めて一般のシードルリーに並ぶわけですが、それまでは足りないものは経営者の努力と熱意でカバーするくらいの心意気がなければ、なかなか成功は難しいと思います。

リンゴを搾って、発酵、熟成させて、瓶詰めして、販売して売り上げが実際に口座に振り込まれるまでにはそれなりの時間がかかります。

仮に完成したばかりの醸造施設で、リンゴを農家から購入して破砕搾汁して発酵を終え、瓶詰めして販売するまで最低でも5カ月くらい（実際はそれ以上が多い）はかかります。つまりそれまでの間は現金収入がないということになります。

ただこれはあくまでシードルをリリースしてすぐ売れた場合の話です。もちろん売れない可能性だってあるわけです。

そこで**現実的な話として最低限シードルが売れて現金収入がある程度確保できるようになるまでは、ほかの収入源、もしくは元々の蓄えが必要**だと思います。

私自身は、シードルだけでなくワインも醸造していた関係で、ワイン用ブドウの栽培と並行して、成木である生食用の巨峰の畑を借りて、ワイン用ブドウがある程度収穫できるようになるまで6年ほど続けて、巨峰を販売したお金で必要な醸造機材を購入するという生活を続けてきました。

シードルリーを作ったは良いが運転資金不足でうまく回らないというのは最悪のスタートなので、ただ施設を作るだけでなく、その後の運転資金、経営計画もしっかり考えながらしっかりと準備していきましょう。

一番大切なのは、シードルを売るということ

多くの人が勘違いしているのが、シードルリー起業に関して誰もがおいしいといっ

てくれる良いシードルを造れば自然に売れていくということです。

私もこの業界に入るまで同じように考えていたのですが、シードルに限らず結局のところ、**どんなに素晴らしい商品を作っても、その商品のことが消費者に伝わらなければ誰も買ってくれない**ということです。

つまり良い商品を作るということは最低限当たり前のことで、それ以上に販売、営業に力を入れなければならないというのが現実です。

では、どうやって販売をしていけば良いのでしょうか。

まずは**生産者から消費者への直販**が挙げられます。直販とは文字どおりシードルリーで醸造されたシードルを店頭で、もしくは宅配便等で自宅等に直接届ける、生産者から消費者に直接販売する方法です。

一番効率的に売り上げを計上することができますし、流通させる過程に卸業者等をはさまない取引なので、**一番利益幅が大きい販売方法**だと思います。売値も生産者、販売者が自由に設定できますし、消費者の声もダイレクトに聞くことができます。一方、消費者にとっても生産者の顔が見えるということで安心して購入することもできます。

メリットの大きい直販ですが、**デメリットは自分自身で販路を開拓**していかなければならないということでしょう。特に個人でシードル起業を行う人は、顧客ゼロからのスタートになるでしょうから、いくら直販という販売方法が魅力的でも、自動販売機のようにただ設置して待っていれば売れるわけではありません。当然それ相応の労力と時間をかけて顧客を獲得する必要があります。大きな会社なら広告費等にある程度の費用をかけることができるでしょうが、個人レベルでの起業では金銭的にも労力的にもかなり難しいわけです。

個人レベルのシードル起業でもできる限り効率的に、さらには費用を極力かけずに販売できるようにする方法があります。それは**あなたとあなたのシードルをブランド化して消費者にアピールする**という方法です。

あまりピンとこないかもしれませんが、私を含めて実際に多くの農家、シードル生産者が行っています。そしてその最適な方法がＳＮＳ（ソーシャルネットワーキングサービス）を有効活用することです。

いわゆるブランドというと大手家電、自動車メーカー等のロゴが頭に浮かんだりもしますが、**ＳＮＳをうまく活用できたら個人レベルの起業でも十分勝負ができる**というのが私の結論です。

日々の交流のなかでもフェイスブックやツイッターを普通に使っている人も多いでしょう。私も個人ページ以外にも醸造所のフェイスブックページ、ツイッターも活用し、日々の農作業の様子、シードル造りの日々、さらには自身の思い、スタッフと一緒に将来の夢等を毎日投稿しています。

SNSの一番のメリットは、費用をかけずに個人レベルでの情報発信が可能ということ、そしてシードル造りに代表されるような農業の6次産業化と相性が良いということです。個人の農家、小さなシードル生産者だからこそ、フェイスブック、ツイッター等を有効活用して自身のシードルの希少価値を上げることが可能だと思います。実際に、私の醸造所の売り上げのほぼ8割以上が、何かしらの形でSNSを通じての売り上げになります。

私の日々の投稿を見て商品を注文してくれた人、ツイッターでのつぶやきに興味を持って店舗に直接訪問してくれた人、さらにはイベント告知のページを見て私のセミナーに参加してくれた人、きっかけはいろいろですが、スタートの多くはSNSでした。

直販の最も効率的なやり方は、生産者自身とそのシードルのブランド化です。日々の営業は、SNSを利用してやっていきましょう。

実際の直販の方法について説明します。

まず第1に**自身の店舗等で販売する**ことです。特に醸造所を見学したい消費者は多いので、SNSで見学可能のアピールをして、訪問してもらいファンになってもらうのが良いでしょう。

はすみふぁーむの場合、醸造所横に小さなショップがあり、直売所と同じ役目をしています。実際に訪問されたお客様が醸造所見学、テイスティング後、納得されたうえでシードルを購入していただけるケースが多いので、このショップは重要な直販拠点のひとつになっています。

第2が**通販による購入**、つまりホームページ、FAX、電話等から注文して購入してもらうケースです。インターネット利用だと楽天ショッピング等の大手が運営しているサイトを利用しても良いですし（ただし使用料が安くはないので、ある程度生産量が増えてからで十分です）、自分の農園ホームページにショッピングカートをつける形でも良いです。

先ほども書いたように、ただページを作ったら売れるということは絶対にないので、積極的な営業活動も必要となってきますが、消費者がパソコン、スマホのクリックのみでシードルが直接購入できるのは大変便利です。より多くの顧客を獲得するために、SNS等を活用して自社サイトに誘導する工夫が求められます。

第3が**イベント等にて直販購入してもらう**ケースです。

シードルでいえばよく各地で開かれるフェス系のシードルイベントに出店することも効果的です。また、私の場合はメーカーズディナーといわれる生産者が飲食店にて行うイベントが多くあります。レストランやシードルバーで料理と一緒に私の造ったシードルやワインを、説明を交えながら楽しんでもらうというイベントを年に数十回ペースで行います。

メーカーズディナーは地元だけでなく、東京、名古屋等の大都市圏でも頻繁に行うのですが、消費者つまり、はすみふぁーむのシードルのファンと一緒に、このイベントを通じてじっくりと話ができるというのは私にとっても大変有益であり、実際に自分のシードルを応援してくれるファンから叱咤激励をいただくというのは、とてもありがたいことです。

また全国各地で展示販売会等もあります。会によっては臨時の酒販免許取得等が必要な場合もありますが、ＴＰＯに応じて活用するのも良いかと思います。

直販の基本は、この３つを組み合わせて直販しながら実際の顧客（ファン）を増やしていき、どの方法が一番良いかを実験をかねて試行錯誤しながら自分のスタイルを決めていくと良いでしょう。

直販で在庫を抱えずにすべてを売り切ってしまうことができれば一番良いのですが、だんだん生産量も増えて、シードルの知名度も上がってくると、今までのように自分一人ですべてを直販で売りさばくということが難しくなってきます。そういうときは酒販店を紹介してもらうか、頼んで販売してもらうのが良いでしょう。

酒販店、卸店を通すと小売価格の７～８掛けくらいで卸す必要がありますが、その分大量に購入してくれる場合が多いですし、小さなシードルリーではほぼ直接取引が不可能な店にも売ってくれたりもします。はすみふぁーむでもいくつかの酒販店を紹介してもらって、酒販店とのお付き合いが始まりました。各酒販店が独自のルートを持っていて、私が直接営業できないような飲食店に出荷してくれるなど、私のそれまでのいわゆる酒屋さんのイメージは大きく変わりました。

はすみふぁーむが取引している酒屋さんのほとんどは実際に醸造所を訪問してくれ、畑を見学、そして試飲をして納得して購入してもらっています。酒屋さんが本当に情熱を持って飲食店やお客様に、はすみふぁーむのシードルを説明、おすすめしていただけているのです。ということで、今でははすみふぁーむの売り上げの多くは酒販店経由になりました し、時間さえあれば私のほうからも年に何回かお取引の多い全国各地の酒販店に挨拶回りに行きます。酒販店とはともにＷｉｎ－Ｗｉｎの関係を築き、良い関係を保てるようにしたいものです。

シードル起業を始める人はその理由のひとつに自分の納得するシードルを造る、最高品質のシードルを造りたいという方がいらっしゃるかもしれません。私自身もまったく同じことを考えていました。

消費者に直接自分のシードルを知ってもらえるイベントなどには積極的に参加しよう

そういった思いというものはとても大切ですが、一番のポイントは、そこまでの熱い思いで造ったシードルをどうするかだと思います。

いろいろきれいごとをいっても「結局金なんだ」と思う人もいるかもしれませんが、そのお金がないとシードル造りを続けることができないわけです。**シードル造りはビジネスですから、純粋に利益を追求するのが当たり前**なのです。やはり中途半端な気持ちではシードル造りに限らず、それなりの覚悟を持って行動しなくては、成功どころかただの絵に描いた餅となることでしょう。

ほかに本業があって趣味でシードル造りをするならともかく、そのあたりの発想の転換、つまり品質が良いものを造るのは当たり前で、それ以上に営業、販売が一番大切という経営者マインドを醸成していかないと、シードル造りの経営力を高めるということは難しいでしょう。**良いシードルを造りながら経営者マインドをしっかり持ち、持続可能なシードル造りを追求**していきましょう。

SCHOOL

林檎学校醸造所

RINGO SCHOOL CIDERY

第4章

リンゴのお酒シードルを造る学べる廃校活用型醸造所「林檎学校醸造所」

文・小野司

シードルを造る学べる廃校活用型醸造所「林檎学校醸造所」

私が住む**長野県飯綱町で新しく始めた廃校を活用したシードル専門醸造所**の事例を具体的にご紹介します。

長野県北部に位置する飯綱町は、地域の人たちから愛されてきた北信五岳の山々を眺望できる人口約1万1000ののどかな町で、基幹産業のひとつが農業です。寒暖の差が大きな気候が果物栽培に適しており、県内有数のリンゴの名産地として知られています。また、明治以前から和林檎である高坂林檎の花の美しさが町を往来する旅人たちの楽しみにもなっていました。1903年（明治36）にリンゴ栽培が始まった飯綱町の恵まれた自然環境により生産量が増えていき、今も日本全体の1パーセントを占めています。

その飯綱町も地方で著しい少子化の流れが止まらず、**2018年3月末で町内に4校あった小学校が2校に統合**されることが決まりました。閉校した校舎のひとつである**旧三水第二小学校の職員室や校長室を活用してシードル醸造所**を始めることで、**子**

林檎学校醸造所の初リリースのシードル。瓶はもちろん、PET製のKeykeg（キーケグ）も取り扱う

供たちのいなくなった校舎に大人たちにも来てもらおうと思い立ち、校舎の再活用に協力しています。地域に愛された校舎を有効活用することで、耕作放棄地が目立ち始めたリンゴ産地の新たな特産品、そして新たな地域のランドマークのひとつとなることも狙いです。この**リンゴの町の旧小学校に新たに生まれるシードル醸造所**を「林檎学校醸造所」と名付け、以前からシードルを委託醸造で造り販売してきたリンゴ農家が共同経営しています。

今では、視察や取材、地元の中学校や高校などの授業などで多くの方に訪れていただき、事業のビジョンやシー

林檎学校醸造所の事業計画書の表紙

事業のスタートと果実酒製造免許取得のために、事業計画策定には多くの時間を割いた

ドル造りなどをお伝えする機会が増えました。しかし、限られた時間のなかでは話すことがなかなかできず、専門的な話は控えることも多々ありましたが、この本を手にする人には有益な情報になると信じて、ご紹介させていただくことにします。

■創業メンバーとの出会い

シードル醸造所の立ち上げを決意したのは、**10年以上シードルの委託醸造をお願いしてきた長野県内のワイナリーが、経営判断により委託醸造をやめる**ことがきっかけでした。2005年に委託醸造でシードルを造り販売し始めたときは、県内でも数軒の農家しか取り組んでおらず、当時はユニークな取り組みでしたが、今では長野県内だけでも数十軒の農家が参入しています。しかし、委託醸造では自分たちが使いたい品種や造りたい時期に依頼することはできず、味わいについてもお任せとなってしまうことが悩みでした。初期の投資が少なく、まずは**スタートしやすい委託醸造ですが、委託先の経営方針に大きく影響を受けるリスク**があり、実際そのリスクが顕在化したため、自らシードルを造る方法を模索し始めました。

そんな状況のなか、**一般社団法人日本シードルマスター協会の活動**を通じて、のちに林檎学校醸造所を運営する北信五岳シードルリー株式会社の創業メンバーとなる羽生田清と高野珠美に出会うことになります。協会を立ち上げた2015年4月は、シードルも協会もまったく知名度がありませんでしたが、活動を継続することで、**思いがけないところで大切な人と出会える場**になりました。

■共同経営プロジェクトの立ち上げ

共同経営者となる3人で**まず始めたことは、シードルや醸造などに関する知識と経験をそれぞれ持ち寄り、各自のシードルや事業に関する課題の共有**です。委託醸造では、こだわりの実現、そして商品ラインナップや生産本数の確保に限界があると各々が感じていたこともあり、シードル専門の醸造所を造ろうという方針は早期に合意することができましたが、具体的にどこに、どれだけの規模の醸造所をどれだけお金を投じて造るのか。また、シードルにかける思いとして3人で共鳴し続けていけるのか。そして、実現するためのノウハウや経営資産を持ち合わせているのか。その確認のためにミーティングを重ねました。今までワイナリーに委託していたこともあり、製法や設備、香味の嗜好などは早期にイメージを合わせることができました。醸造所の場

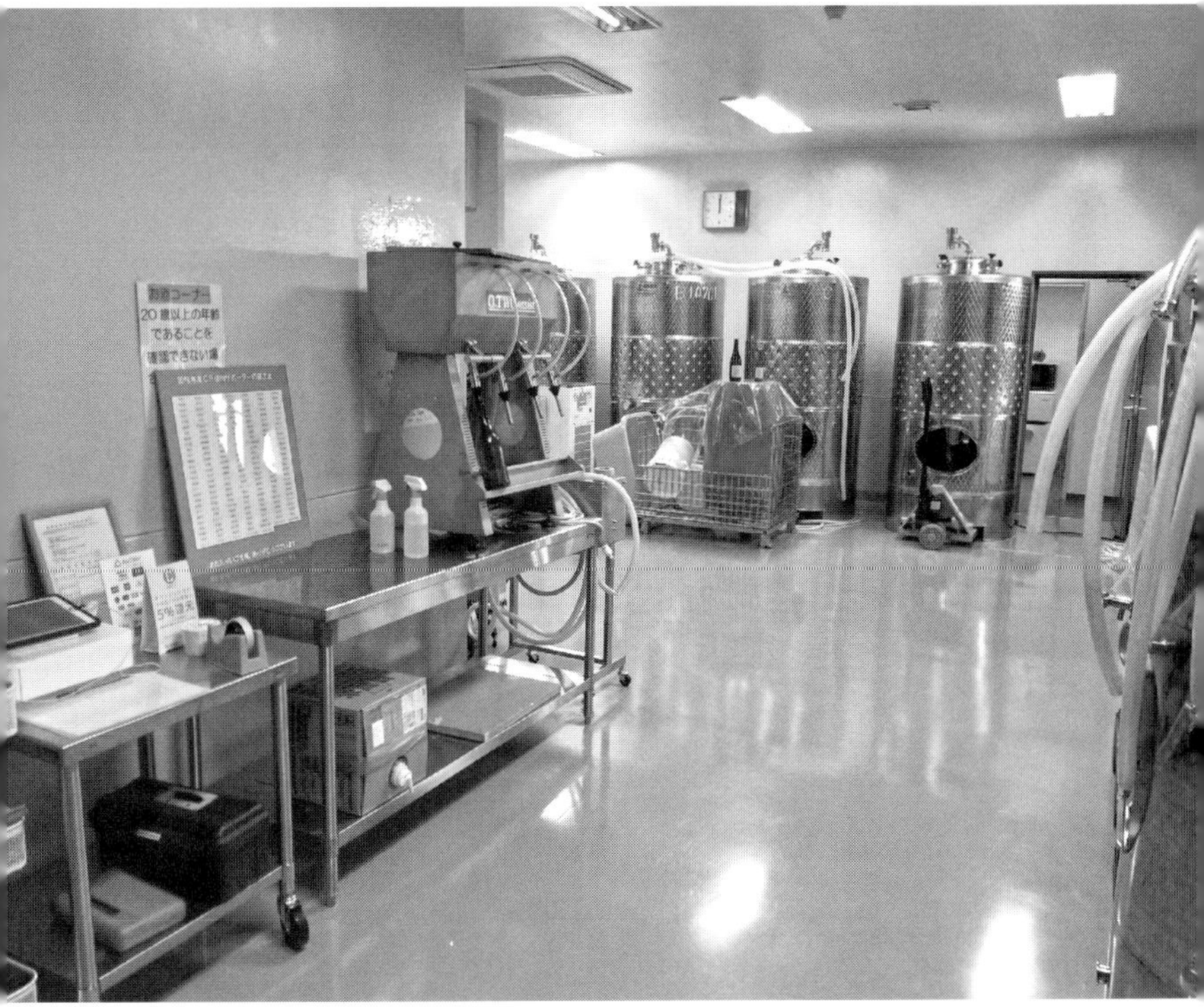

旧小学校の職員室が
シードル醸造所に変わ
り、以前、教頭先生が
座っていた場所には
1000L タンクが立ち
並ぶ

所も、長野県有数のリンゴ産地として評価が高く、創業メンバーのうち2名が拠点を構える飯綱町にすることに決まりますが、具体的にどの場所に、どういった人が資本参加して、醸造所を建築するのか、行政のサポートがあるのか、文字どおり初めての醸造所建設となるため、まずは**飯綱町役場の皆様に自分たちの事業構想を説明して、実現方法を模索**することになりました。醸造所開業のちょうど2年前になります。事業構想を説明する前に私たちは「**飯綱町まち・ひと・しごと創生 総合戦略**」の理解に努め、シードル事業と町の方向性が合致していることを確認しました。この総合戦略は「まち・ひと・しごと創生法」に基づき、人口減少社会における将来のまちづくりに向けた具体的施策について飯綱町が策定した計画です。**各自治体の中長期戦略が策定されており、その地域で起業するときは事業と地域の親和性を確認する**ことができます。私たちのビジョンと事業概要に耳を傾けてくださった飯綱町長をはじめとする町役場のみなさんは理解を示してくださり、より具体的な計画を策定することになりましたが、肝心の場所選びが難航しました。土地や空き建物の候補はいくつかありましたが、事業コンセプト、景観、用途、地質、工事費用など多角的な視点で検討するも、なかなか私たちのビジョンや醸造所イメージを持ちつつも現実的かつ効果的な着地点が見つからない状況でした。

■シードルと廃校

悩んでいる最中に耳にしたのは、**町内にある小学校が2つに統合され、閉校する校舎の再活用を考えていく必要があるという地域の課題**でした。このとき地元を離れて横浜に住んでいた私は、小学校が統合されることを知りませんでした。**私たちの目的はシードルを造ることはもちろん、シードルを造りたい人を育て、飲む機会を作り、リンゴ産地にシードル文化を根付かせること**です。人も文化も育てていこうと決めていた私たちは、**子供たちを育てることが命題だった小学校の校舎で事業を体現することで、自分たちの目的をより理解していただける**だろうと期待し、さらに廃校には訪れる人をワクワクさせる不思議な魅力も感じて、廃校の一部を借りて醸造所を始めることを検討し始めました。実現すれば日本で初めての廃校を活用するシードル醸造所となりますが、実際にどのように利用すれば良いのか、まだまだ具体的なイメージに結びつきませんでした。

そんなとき、千曲川ワインアカデミーの卒業生で建築士でもある吉原和通氏が廃校

旧三水第二小学校の
昇降口のすぐ隣に林
檎学校醸造所がある

を醸造所にリノベーションする際のアドバイザーとしてプロジェクトに参加してくれることになります。吉原氏本人も将来ワイナリーを立ち上げたいという夢を抱いており、醸造所の使い勝手にも大きく影響する建物の専門家としても心強いパートナーとしてアドバイスをくれることになりました。

事業計画との親和性が高まり建築の知識面での不安も解消できる見込みが立ったことで、本格的に廃校を活用した醸造所の検討に着手します。そして、まず定めたのが**「楽力幸醸」という校訓**です。学校らしい学力向上という熟語を、**楽しむ力が幸せを醸す /Have fun, and brew happiness!)** という私たちの信念から取った漢字に入れ替えて、シードルを造るときも飲むときも楽しんでもらうことを第一に心がけています。

■法人の設立

醸造所の立ち上げが現実味を帯びてきた2017年12月1日、創業メンバー3人で北信五岳シードルリー株式会社を設立します。3人で創業の契りを交わし、法人として酒造免許交付を受けるため先行して法人を立ち上げた後、長野税務署に足を運び、初めて果実酒製造免許の相談を行いました。**今回は法人設立が先行しましたが、税務**

署では段階的に相談対応をしてくださるので、設立前から足を運ぶほうが良いでしょう。酒造免許に関する情報は、インターネットや書籍にもほとんどないため、酒類指導官部門の担当者の方にひとつひとつ具体的に教えてもらい、できる限りアドバイスに忠実に準備することを心がけました。このとき、私たちは、自分たちのシードルの委託醸造が難しい状況にあったこと、加えて小学校の閉校が3カ月後に迫ってきていたため、何としても果実酒製造免許取得の見通しをつけて、醸造所開設を確実に実現することが最低限のミッションとなっていました。当初の計画では1年目から6000リットルの生産を目標として通常の酒造免許による開業を目指していましたが、まだ醸造責任者が正式に決まっていないという重要課題も残っていたことに加え、税務署の担当者のすすめもあり、**「特産酒類（果実酒）製造事業」として特区を活用**するよう方針を変更しました。特区により、使用するリンゴが開業当初は飯綱町産に限定されてしまいますが、醸造所の運営体制の整備や醸造技術の習得といった対応も必要であることから、スタートアップ時に特区を利用したことは良い選択であったと感じています。

■理想的な醸造責任者との出会い

元々農家出身や起業経験がある創業メンバーですが、醸造所の実現に欠かせない醸造経験は持っていませんでした。年齢的にも時間的にもワイナリー等の酒造会社で経験を積むことが難しいことから、醸造責任者に着任してくれる人を探しますが、前向きに考えてもらえても多忙であったり、初対面でお互い信頼を築くまでに時間をかける必要があったりと、実現には何かしらハードルを乗り越える必要がありました。

そんなとき、創業メンバーが日本酒のつながりで面識があった醸造研究家の高橋千秋氏に相談を持ちかけます。高橋氏は独立行政法人酒類総合研究所の勤務経験などの経歴があり、全国の酒蔵やワイナリーの醸造指導、愛飲家向けのセミナーやワークショップを開催していたことから、私たちの学校とも活動レベルで親和性がありました。また、発酵を活かした地域活性化にも取り組んでおり、林檎学校醸造所に相応しく頼もしい4人目のスタートアップメンバーとして加わることが決まります。

■いいづなワイン・シードル特区が認定されるまで

リンゴ産地にシードル醸造所を開業しやすくなる政策として構造改革特区制度があ

ります。この制度は、実情に合わなくなった国の規制について、地域を限定して改革することにより、構造改革を進め、地域を活性化させることを目的として2002年度に国により創設されました。地方公共団体（今回は飯綱町）が構造改革特区計画を作成し、国へ申請し、内閣総理大臣の認定を受けることにより、地域限定で規制の特例措置が適用されます。この計画の内容を政府が審査し構造改革特区の認定を受けることにより、地域の特産物を原料とした果実酒またはリキュールを製造しようとする者が製造免許を申請した場合には、**製造免許に係る最低製造数量基準について、果実酒は6キロリットルから2キロリットルに引き下げ**られます。

この特例を受けるため、醸造所建設地の飯綱町に特区認定の相談をしたところ、事前に醸造所建設を相談し、町の総合戦略とも合致する事業であると理解いただいていたこともあり、特区認定の申請に協力してもらえることになりました。特区の名称は**「いいづなワイン・シードル特区」**です。この特区は、近年の少子高齢化の流れを受けて飯綱町でも農業の後継者不足が進んでおり、生食用果物の消費の落ち込みもあって農業収入も減少傾向にあるなか、農家自身がワインやシードルを製造し、リンゴ等の果物を生食以外に活用の幅を広げることで収益を改善し、農業経営の先進化や安定化による雇用や就農機会の創出を図るとともに、**シードルコレクションなどのイベントを通じて飯綱町のシードルをアピールし、シードル等を目当てやきっかけとした交流人口の増加等により地域全体の活性化にもつなげる**という目的があります。

飯綱町役場企画課の皆様が、多忙な業務のなか、構造改革特区計画を作成してくださったおかげで、2018年8月8日付で、飯綱町が「いいづなワイン・シードル特区」の認定を受けます。これにより、私たちは同月末に長野税務署に果実酒製造免許の申請を無事行うことがで

町のビジネスプランコンテスト「いいづな事業チャレンジ」での発表を通じて廃校利用の理解を求めた

きました。

■果実酒製造免許の準備と申請

シードルを果実酒として製造しようとする場合、**免許申請に必要な条件や内容**は、国税庁のホームページから「構造改革特区における製造免許の手引 ③特産酒類（果実酒）製造用」を入手し確認すると良いでしょう。製造免許の申請から免許付与等の通知を受けるまでは、おおむね4カ月から6カ月かかるため、少なくとも1年前から税務署の担当者と打ち合わせを重ね、申請の準備を進めながら信頼関係を築いていくことが必要です。

特に重要なポイントは、**醸造所経営に必要な経営基盤（ヒトとカネ）と製造技術を確保しており、売り上げを作り利益を上げる確実な事業計画を立てる**ことです。売り上げの根拠となる取引承諾書の取得は、実際に酒販店や飲食店に押印つきの書類作成をお願いすることになるため、あらかじめ依頼先を確保しておくか、または飛び込みで頭を下げてでも承諾書を集める必要があります。私たちの場合は、委託醸造のシードルの販売先や面識があった店舗等にお願いすることで、事業計画の売上計画を担保する承諾書を集めることができました。

■ビジネスプランコンテストで経済産業大臣賞を受賞

廃校活用に協力しようと決め、プロジェクトメンバーも整い始めましたが、次は実際どのような手順や手続きを経て校舎の一部を借りることができるのか情報収集を始めました。飯綱町が開催する人材育成事業「いいづなフューチャースクール」の流れで、閉校した校舎の優先的利用交渉権を副賞とするビジネスプランコンテスト「いいづな事業チャレンジ」を初開催することを知り、私たちも応募しました。

事業計画を立案する過程で、当初、ビジネスプランコンテスト出場自体には消極的でした。今回はあくまで校舎使用の条件として参加することが目的でしたが、この必要に迫られて出場したコンテストが、後に醸造所の実現に大きく貢献していくことになります。

ビジネスプランコンテストに出場して感じたメリットは以下の4点です。

①事業計画をブラッシュアップできる

②行政など主催者から各種支援が受けられる

③受賞することで事業計画に対する信用が高まる

④ヒト、モノ、カネ、情報を支援してもらう、または確保しやすくなることで、事業の実現性がより高まる

小さな町で初めて開催されるビジネスプランコンテストでしたが、私たちはそのときに提案できるプランをどうわかりやすく、共感してもらえるか、最大限努力しました。なぜなら、町の人たちのご理解を得て廃校を利用させていただき、思い描くシードル事業をスタートさせるには、このコンテストでの入賞が必要不可欠であり、すでに株式会社を立ち上げていた私たちにとっては、前進あるのみだったからです。人前で講師などとして話したり、挨拶する機会は何度も経験してきましたが、私たちの運命を握る今回のプレゼンは、話しはじめのときはマイクを握る手が震えるほどいつもと違う緊張感で臨みました。結果として、最優秀賞をいただくことができ、林檎学校醸造所プロジェクトが正式にキックオフしました。

醸造設備の調達などに向けて準備を進めるなか、融資をお願いする八十二銀行より長野県や信州大学などが主催者に名を連ねる「信州ベンチャーコンテスト」への出場をすすめられます。銀行の担当者が熱心に応援してくださったことから前向きに考えるようになり、**シードル事業だけでなく廃校活用の取り組みも成功させるためには、より多くの方に知っていただくこと、応援していただくこと、関わりある人たちに安心してもらえることが重要**と考え、ビジネスプランコンテストへの挑戦を続けることにしました。

税務署への果実酒製造免許申請、銀行に提出する事業計画、そしてプレゼンテーションの準備を同時に進めることは時間的にも余裕はありませんでしたが、それが**今後の補助金申請、クラウドファンディングなどのベース資料となり、スピーディーに準備を進めることができたことから、有効な準備の進め方であった**のは間違いありません。そして2018年9月に出場した「信州ベンチャーコンテスト2018」では起業部門グランプリ、そして観覧者の皆様の投票によりオーディエンス賞をW受賞することができ、その結果として行政のサポート、メディアの取材などにつながり、私たちの取り組みは県内に広く伝わることになります。

チャンスは続けて訪れるもので、今度は長野県産業労働部より中小企業庁主催「第5回全国創業スクール選手権」への出場を推薦していただくことになりました。全国創業スクール選手権は、日本全国の「認定創業スクール」やビジネスプランコンテストから推薦された約130件のビジネスプランを審査し表彰するというもので、信州ベンチャーコンテストのグランプリ受賞者にも出場権がありました。今回も、まずは発表を通じて取り組みを知っていただくことはもちろん、二度とないであろうこの機会への挑戦と、応援してくださる方のさらなる安心につなげたいと考え出場することにしました。

果実酒製造免許を交付された6日後に東京で開催された最終審査会では10名のファイナリストと競い合い、最高賞の経済産業大臣賞を受賞させていただきました。**全国から見ても無名な小さな町であっても、挑戦すれば評価してもらえる、行動すれば実現できる**のです。

■クラウドファンディングへの挑戦

税務署に果実酒製造免許の申請後は、クラウドファンディングに挑戦することにしました。初めての醸造所立ち上げのため、醸造所運営にあると便利な機材等が購入対象から一部漏れていたからです。私たちの事業の方針から有名な大手のクラウドファンドではなく、**長野県に特化した地域密着型のＣＦ信州**というサービスを使用しました。その理由は、単なる資金調達や予約販売の目的だけでなく、地元の銀行、新聞社などが運営し、**地域を盛り上げるために提供されているクラウドファンディングを利用することで、長野県を応援されている方々にも私たちのメッセージが届く**であろうと考えたからです。クラウドファンディングの準備がスムーズに進み目標金額も達成できたのは、前述のビジネスプランコンテストで内容が整理でき、評価も得ていたことが大きいと思います。事業計画の裏付けも取れていたことから、サポーターがメリットを感じるお得なプランを提示しつつ、事業に必要となる資金も確保することができました。また通常、クラウドファンディングはサポーターからの評価と資金調達を同時に得る必要がありますが、あらかじめビジネスプランコンテストで評価やフィードバックをいただいていたため、後は実際にニーズがあるか実証に特化することができました。結果、知名度が低い地域型クラウドファンディングながら約１９０名、約２３０万円の支援を獲得しました。

ただし、**お酒をリターンに設定する場合は、酒類製造免許や酒類販売業免許を取得した後にしましょう。**今回、事前に税務署を通じて国税庁に購入型クラウドファンディングの扱いを問い合わせしたところ、前述の免許がないまま販売行為を行うことになり法令違反となる恐れがあると回答をいただいております。

■ビジネスプランのまとめ方

さて、私たちがなぜこのように短期間でコンセプトをしっかり固めて起業できたのか、ビジネスプランが評価されたのか質問を受けることがあるので、私たちのビジネスプラン策定の流れをご紹介します。

1　自分が一番輝ける、最優先のテーマを見つける

すべては自分が始める物語です。エンディングまでまっとうする覚悟があるのか自らに問います。

2　起業の目的や社会的メリットを問う

誰かにとって、その事業に存在価値や利用価値があり、困りごとを解決してくれるのであれば、お客さんや従業員、出資者などとして事業を支えてもらえます。

3　SWOT分析

自分たちの実行力（強み、弱み）を整理し、事業環境（社会や市場の流れ）を読みます。この分析が客観的に**美しくまとまっている事業計画は、完成度が高くなります**。SWOT分析方法は、インターネット等にも紹介されています。

4　ビジョン（夢や取り組む課題）を鮮明にしていく

ビジネスプランの冒頭に掲げるビジョン。しかし、最初から美しくまとまっているケースは少なく、事業計画を煮詰めていく過程で**伝わりやすくシンプルに言語化**されます。周囲の人たちに支えてもらえるかは、このビジョ

当社のSWOT分析

【強み】Strength ・リンゴ農家で原料確保が容易 ・13年の委託醸造による販売経験と実績 ・他産地にない外国原産のリンゴ品種（シードル向き） ・シードルの生産者、販売店・小売店とのネットワーク ・中小企業診断士がいる ・IT技術にも強い	【弱み】Weakness ・醸造経験が乏しい ・資金が少ない（兼業者が出資） ・醸造所予定地近くに住んでいない ・就農していないため、6次産業化等の補助金が使えない ↓ 補強・改善
【機会】Opportunity ・世界でシードル市場が成長中 ・日本でも3年で市場が1.2倍 ・小学校が廃校になり、醸造所の場所として使える ・リンゴの町を標榜する町の協力が得られやすい	【脅威】Threat ・リンゴの消費が減少傾向 ・他産地の台頭（青森、県内他産地） ・海外産シードルの輸入増加 ↓ 動機付け

事業計画の作成にSWOT分析は欠かせない

ン次第となります。また、**大きなビジョンと、それに見合った実行力があれば、実現性が高い**と感じさせます。

5　経営資源（ヒト、モノ、カネ、情報）を集める

事業計画は、それだけでは絵に描いた餅です。事業計画を策定しながら、必要となる経営資源の獲得も進めていきます。実行が困難であるとわかった場合は事業計画を見直します。

6　事業計画策定（マーケティング、商品開発、資金調達、人材確保や育成）

これまでにまとめたプランを、マーケティングの4P（商品・サービス、価格設定、販売チャネル政策、プロモーション方法）の視点で具体化していきます。

7　あとは慎重かつ大胆に実行しましょう

実は、それほど特別なことをやっていません。**起業をすると決めたなら「ブレない」「やめない」、そしてお客様から目を「そむけない」ことが重要**です。その羅針盤として、人脈・人材、時間、お金、技術やノウハウなどを使ってビジョンを実現するための経営計画に落とし込みます。

■醸造所がスタートして

醸造所を始めようと考えたときに、いつも気になっていたことは核となる醸造技術でした。実際始めてみると、醸造所運営には次のような幅広い分野の知識とノウハウが必要になります。もちろん、すべて自分でやる必要はありませんが、幅広い知識はあったほうがより正しい意思決定ができます。また、仲間と協力しあって役割を分けることでも対応可能です。

経営の観点

会計・税務
人事労務
マーケティング
情報システム

営業の観点

販売促進

営業
販売管理

製造の観点

商品開発
生産管理
発酵技術
機械設備の操作やメンテナンス
品質管理・分析
安全・衛生管理

ほかにも自動車、フォークリフト等の免許も必要になるなど、細かな観点を入れるともう少し増えると思いますが、これらについて知識と経験を持ち合わせておくことで、醸造所での意思決定や運営がスムーズになるでしょう。**習得には醸造所勤務などで直接学ぶことがベストですが、一般企業勤務でも各職種を経験することで、ある程**

度は対応可能になります。

私の場合、メーカー、商社、システムエンジニア、中小企業診断士の仕事などで得た知識と経験を活かしながら醸造所の運営を行っております。もちろん、それだけでは不足する場面もありますので、ほかの創業メンバーや醸造責任者が持つ知識やノウハウを持ち寄り、補い合う組織体制にしています。

■シードルで注目される、見向きもされなかった外国原産品種

リンゴ100パーセントのシードルは、原料となるリンゴの選択が重要です。長年リンゴの生産に熱心に取り組んできた飯綱町には、1990年に当時の旧三水村がイギリスの英国王立園芸協会から寄贈された外国原産のリンゴの並木があり、いいづなアップルミュージアムのみなさんが毎年大切に守り育てています。外国原産のリンゴは、味が濃く個性的な味わいになることから、シードルの原料として期待されており、これらを使ったシードル造りを、少しずつ始めています。甘さや食感、そして保存性などで劣る外国原産のリンゴは、日本の生食文化には受け入れられませんでしたが、シードルに使うことで**外国原産の個性的な味わいがシードルの味わいの幅を広げ、よ**

りおいしく、そしておもしろいものにしてくれる手応えを感じています。

■林檎学校醸造所のネクストステージ

林檎学校醸造所は、廃校活用型シードル醸造所をコンセプトとして「シードル造り」「廃校活用」「学びの場」の３つのテーマに取り組んできました。

私たちは、**シードルを中心とした「モノコトづくり」**を目指しており、その実現に欠かせないポイントは、**お客様視点でのコンセプトとストーリーとワクワク感**です。身近で親しみあるリンゴやシードルを学ぶ場から、父兄のように見守り育てる場へ、自分の子供のように愛するシードルを手にする喜びを提供していきたいと考えています。また、私たちが起業したときの経験やノウハウを若い世代に伝えることで、未来の日本や地域を支えてもらえると期待して、中高生の起業家育成事業にも協力していきます。そして、２０２０年６月には、果実酒製造特区の条件が解除され、飯綱町以外のリンゴ等果実も使用できることになり、仕事の幅がさらに広がることを期待しています。

第5章 これからのシードルビジネス

文・小野司

シードルビジネスと「コト売り」

シードルは、まだ消費の主役が形のあるモノであった時代には、なかなか市場に受け入れられませんでした。時代が変わり、学ぶこと、**感動すること、それらをシェアすることなど形のない価値を提供する「コト売り」**が求められています。市場が成熟している日本では、シードルをモノとして販売するだけでなく、サービス業の一面も兼ね備えた「学べる」「感動する」「シェアできる」シードルとして付加価値をつけることも必要となります。おいしいのは当たり前、「楽しい」「プレゼントしたい」「飾りたい」などの**プラスαがあるほど、購入者のライフスタイルに取り込まれる可能性が高くなります。**購入者にとって使える商品・サービスと位置付けられることで、購入や利用につながります。この「コト売り」がシードルビジネスには欠かせません。

例えば、リンゴ畑は、春は花がきれいに咲き誇りますし、個性豊かなリンゴの木を見つけたり、秋になると愛嬌ある赤いリンゴがいくつも実っていたりと、人工的な建造物の多い都会の日常に身を置く人たちには、まるでリンゴのテーマパークに映るようです。大人であれば、シードルを飲んだり造ったりしてもらうことも「コト売り」になります。

リンゴ農家がシードルを造り始めることで、1年を通じて消費者にリンゴライフを提案できるようになります。春に花見に訪れてリンゴのオーナーになり、リンゴ狩りをして、シードルを醸造する。そして、リンゴの花見でお披露目パーティをして、またオーナーとしての1年が始まるというサイクル型のサービスを提案できます。

産地の飲食サービス業にとっても、**地域色が強く反映されるシードルは、その地域らしい料理とともに提供することで、観光客などがそのお店に立ち寄る理由を作ること**になります。日本でも、青森県のシードルは甘めの傾向が、長野県のシードルはすっきりドライな傾向があります。それは、地元の人たちの嗜好の表れであり、地元の食文化につながっていきます。

海外の事例としては、フランスのブルターニュ地方とノルマンディ地方のシードルです。ブルターニュ地方ではそば粉のガレットとシードルの組み合わせは定番となっており、日本にもガレットのお店があるくらい文化として定着しています。一方、酪農が盛んなノルマンディ地方では、カマンベールチーズなどの乳製品と合わせることも多く、シードルもそれに合う、ややクセのある味わいとなっています。試しにガレットにノルマンディ産のシードルを合わせると「あれ？　何か違う」と感じます。また、スペイン北部のアストゥリアス地方では、シードル（スペイン語はシードラ）を醸造所併設のレストランであるシードレリアで楽しむことができます。1万リットルの巨大な栗の樽から顧客が持つグラスに直接シードラが注がれます。シードラは、白いんげん、チョリソー、野菜などの煮込み料理ファバーダ、鰯のオーブン焼き、蟹のシードラ蒸しなど、地のものを使った料理とともに楽しむことができ、それを目当てに多くの観光客が訪れます。

日本には、シードルと料理の定番の組み合わせはまだありませんが、そば粉であれば生産量日本一の北海道と知名度が高い長野県が、チーズも北海道をはじめ各シードル産地にありますし、海沿いに産地が多い海外と同じように海産物にも恵まれた日本でも、海外のシードル産地を参考にしながら、その土地の料理とシードルをセットで楽しんでもらうレストランも、今後増えてくるでしょう。

シードルは、基本的には造り手のブランドで販売され、そのブランド名やラベルを見て消費者は購入を決めます。その反対に、買い手自身をシードルのブランドにしてしまう方法もあります。元々リンゴ農家にはオーナー制度というビジネスモデルがあるので、リンゴ栽培や醸造の一部作業に実際に参加してもらい、その体験談付きのシードルを自分だけのオリジナルなプレゼントに使えます。また、飲食店であればお客様に提供してもらうことで、シードル生産者だけでなく飲食店でもコト売りができます。

世界に後れを取りながらも、日本にもシードルが定着することが現実的になってきた今、ただおいしいリンゴを使って、こだわりのシードルを造るだけでは、ほかのカテゴリーの商品同様、売り上げが期待どおりに伸びない可能性があります。日本で飲めるシードルの銘柄数は国産、海外産ともに増えており、いずれ競争時代が到来します。**自分たちのシードルはどこで売れるのか、誰が買うのか、なぜ選ばれる（選ばれない）のか、買った後はどう消費されているのかを調査し事業に反映する**ことで、商品力のある売れるシードル造り、失敗しない新商品開発が可能になります。さらには、産地や農園に人をよび込むために地元の飲食店や観光事業者と連携し、どんなイベントやキャンペーンを開催していくのか。造った後のことも計画に組み込むことで、シードル事業が行き詰まるリスクを減らすことができます。

シードル造りには、一般の方にも参加してもらった。冬の水洗いは手が痛くなるくらい

信州らしく「おやき」とシードルのペアリング。その土地の食文化とシードルを合わせる体験も地域ならではの「コト売り」となる

止まらないシードルの人気

年を追うごとに、シードルが人気という声を多く聞くようになってきました。すでに**欧州や北米、オーストラリアなどでは、シードルの市場は決して大きくないものの、メジャーなアルコール飲料**です。世界全体では、2000年以降、シードル市場の成長が年平均約2パーセントの割合が続いています。イギリスでは、サイダー市場がビール市場の5分の1を超えています。

日本でも数年前まで、シードルという言葉を知らないという人が多くいましたが、最近では名前だけは知っている、一度は飲んだことがあるという方が増えてきました。気軽に飲める、料理にも合わせやすい、乾杯では必ず選んでいるといった話を聞くと、飲み方がわかってきた人も増えているように感じます。依然として日本をはじめアジアのシードル市場は、世界のわずか1パーセントしかシェアがない状況ですが、香港や台湾の高雄市などの小売店ではシードルコーナーが用意されるなど、確実にポジションを獲得し始めており、**日本でも東京を中心にシードル人気が広がっています。**

日本でも今後、シードル人気が続いて根付くと考える根拠として、「おしゃれでカジュアル」「親近感」「ライフスタイル志向」の3つがポイントになると考えています。

1つ目に**シードルは「おしゃれでカジュアル」とイメージが良い**ことも、人気上昇の追い風となっています。ファッションでいうとジーンズでしょうか。**ポピュラーでキュートなリンゴのイメージ**が、そのままシードルにも引き継がれています。お酒のイメージに関して、私が注目している消費者動向のひとつは、若い人、特に20代の間でお酒のイメージが悪化しているという事実です。都内の大学関係者から聞いた話では、学生の間でお酒を飲むという行為に良いイメージを持たない学生が増えており、ひと昔前、大学生によるお酒絡みのトラブルや事件などがニュースになり大学側が謝罪する事態になったことが記憶に残る人も多いと思います。そんななかシードルは、**各国のシードル文化の話に耳を傾けながら、ゆっくりと味わえる低アルコール飲料として、女性にも安心して選んでいただける**とともに、肩の力を抜いて飲める気軽さもあり、先入観のない若い人から徐々にシードルが定番となっていくでしょう。

2つ目の**親近感**とは、日本のシードルがお酒としては珍しく**農家の顔も見えるお酒**

シードル造りの視察に
合わせ、リンゴ畑を訪
れる人も多い

ということです。例えば、日本酒で使うお米を作っている米農家に会えることは稀です。ビールで使う大麦は、国産か外国産かですら、一般の消費者は判別がつきません。一方で、日本におけるシードルの生産は、リンゴ農家で盛り上がりを見せており、自分たちのシードルの素晴らしさを積極的にPRしています。原料のリンゴを購入している醸造所であっても、周辺で収穫されたリンゴを使っているケースが大半です。**愛好家も飲食店も、リンゴ農家に会って話を聞いたり、畑を見学に行ったり、リンゴを食べることができ、お客様に実体験を紹介**できます。農家や小さな醸造所が造るシードルに人と人のつながりも芽生えており、売り込みではなく口コミでシードルを手にする人も増えています。

3つ目は、シードルは**ライフスタイルで選ぶお酒**ということです。シードルが酒販店で取り扱いづらいといわれる一因でもあります。シードルはワインに比べると芳香は弱めで味わいも複雑ではありません。ビールのように苦味を楽しむものでもありません。**シードル愛好家にとっては自分のライフスタイルにマッチすることが重要**なのです。料理好きの方であれば、シードルを飲みながら料理ができそうといいますし、マラソンなどで走ることが好きな人であれば、走り終わった後に飲みたいといいます。

シードル愛好家と同世代のバーテンダーや酒販店オーナー、店長などは新しい商材として採用し、提案を始めています。他店との差別化や新しいお酒のニーズに対応することで、新しい顧客を開拓することにつながるからです。

今、やっと始まりを迎えたシードル人気をさらに盛り上げようと活躍し始めているのが、**日本シードルマスター協会認定のシードルアンバサダー**です。国内のリンゴ産地でもシードル造りの取り組みが増えていますが、お酒を扱う事業者のなかにもシードルを知らない方、経験が少ない方が多く、飲食店からもお客様にすすめたいがシードルがわからないのでメニューに掲載できないと相談を受けることもあります。日本へのシードル普及の妨げとなるこの課題を解決するために協会では、**世界各国のシードルやリンゴの文化を正しく理解し、情報提供できる人材**を「シードルアンバサダー」として認定しています。2017年より認定試験をスタートして、2020年2月時点の認定者数は250名ほどです。飲食店や酒販店等のプロはもちろん、一般のシードルファンにも認定者が増えています。

シードルアンバサダー講座の様子。シードルを学びたいという思いからシードルアンバサダー認定試験の合格を目指す人も多い

大手参入がさらなる市場開拓に

欧州サイダー・フルーツワイン協会によると、アジア圏のシードル市場は世界の1パーセントにすぎず、世界で最もシードルの普及が遅れている地域です。一方で、**日本のGDPは5兆ドルで世界3位、中国は11兆ドルで世界2位であり、日本を始めとするアジアは未開の市場として注目**されています。

世界各地で造られているシードルは、世界各国との人の往来によっても市場を変えていく可能性があります。日本政府観光局によると2017年に留学、出張、赴任、旅行などで海外に行く日本人が、年間1800万人で前年比4・5パーセント伸びており、インバウンドで海外から来る観光客も年間約2900万人と前年比約20パーセントの伸びを示しています。現在、世界では新型コロナウイルス感染拡大防止のため各国で渡航が制限されていますが、中長期的には移動は回復していくでしょう。海外でシードルを知った日本人はもちろん、シードルを日常的に飲んでいる外国人が日本に来ることで、日本でもシードルが飲まれる機会は確実に増えていくでしょう。日本でも国産リンゴのように質の高いシードルが生まれることで、世界にシードルを売り込むきっかけにもなるのではないかと考えています。

そこで、重要な役割を果たすのが日本の市場を拡大させる流通網と資金力を持ち合わせる大手ビールメーカーです。**大手メーカーがより多くの消費者にシードルを届け、中小のシードル醸造所がよりこだわりの強いシードルファン向けにシードルを造ることで市場は安定し、さらなる成長につながります。**大手の参入は、日本のシードル市場全体にとって、とても重要なことです。

例えば、イギリスでは、大手サイダーメーカーが行ったコマーシャル戦略が、サイダーの人気向上、市場拡大に結びついた事例があります。イギリスでは、ペットボトル等の見た目にも安価な容器で売られており、かつては安酒というイメージが強かったそうですが、大手サイダーメーカーのマグナーズ社がボトルをガラスに変え、2005～2006年に氷を入れたグラスに注ぐという当時としては斬新かつおしゃれなCMを流したことで、若い世代や女性に受け入れられ、2006年のサイダー全体の売り上げは前年比30パーセント以上も増加したという話は、業界では有名です。このように大手メーカーがイノベーションを起こすことで、市場は大きく変わります。

現在、日本国内でシードルを発売している大手企業は、アサヒグループの「ニッカシードル」とキリンビールの「キリンハードシードル」の2ブランドになります。

サントリーは、1935年（昭和10）に前身となる壽屋として、フランス語でリンゴを意味する「ポム」と「シャンパン」を組み合わせた「ポンパン」というブランドでシードルを発売していました。1990年には、当時の人気アイドルを起用したCMを流して再度シードルを発売したものの数年で撤退し、現在は発売していません。当時からシードルに注目する事業者はいましたが、まだまだ時代は受け入れなかったことがわかります。

アサヒビールのニッカシードルは、1954年（昭和29）青森県弘前市の酒造メーカー社長、吉井勇氏が「アサヒビール」と提携して「朝日シードル株式会社」を設立したことが始まりとなります。1956年にシードルを発売して、1972年には現在のニッカシードルというブランドに変わり、60年以上にわたって販売されています。ニッカシードルは、コンビニエンスストアやスーパー、酒販店などの小売店で気軽に購入できますが、料飲店で目にすることは極めて少ないシードルです。ま

「ポンパン」のポスター

た、シードルの開発とともに、リンゴポリフェノールなどのリンゴが本来持つ健康成分についても研究が進みました。

最も後発となるのが、2013年にキリンビールが発売した、キリンハードシードルです。当初、サーバーから注がれる爽快でハードなおいしさの新しいお酒として、初年度は首都圏の料飲店約400店舗からスタートしました。2015年には東京・表参道にてポップアップストアである「OMOTESANDO CIDRE by KIRIN HARD CIDRE」を期間限定でオープンしました。当時、ストアへ足を運んでみましたが、20代~30代をターゲットとした緑色基調のさわやかな店頭や店内は、キリンハードシードルのイメージにぴったりでした。20時近くに訪れたのでお客さんは少なめでしたが、仕事帰りに立ち寄ったと思われる若い女性のグループや男性の一人客がハードシードルと、アイスクリームのようにアレンジされたポテトサラダを楽しんでいました。このポップアップストアは開店から1カ月で5000人が来場し、当初目的の1.6倍の来客者数を達成したそうです。

当時、消費者のシードルへの関心は少しずつ高まってきていたものの、知名度や注目度はまだ低く、この時期にキリンビールがポップアップストアを開店したことで、

キリンハードシードルのポップアップストアで提供されたシードルとジェラート＆ポテト(マッシュポテト)

シードルの知名度が上がり、イメージを変えたことは間違いありません。そして、翌年2016年9月、東京シードルコレクション2016開催の1週間後にハードシードルは味わいもボトルも一新させて小売市場に参入します。合わせて、ハードシードルグッズのプレゼントや、12月に渋谷駅のハチ公前広場周辺で開催されたイルミネーションイベント「SHIBUYA ILLUMINATION 2016」などキャンペーンを展開したことで、シードル市場がさらに活気付きました。2019年には、キリンビールグループのメルシャンも無添加ワインシリーズとしてシードルを発売したところ、発売からわずか3カ月で当初の年間販売目標を達成し、最終的には当初予定の2倍を超える出荷量を達成しています。当然、大手メーカーでは商品企画時からターゲット顧客を研究し、商品開発に反映しています。**販売力があるから売れる時代は終焉を迎えている今日、小規模な醸造所でも商品企画は不可欠**です。

（参考）
欧州サイダー・フルーツワイン協会 http://www.aicv.org
日本政府観光局 https://www.jnto.go.jp/jpn/statistics/visitor_trends/index.html

生産者サイドから見た今後の課題

昨今のシードル人気は、若手リンゴ農家にも広がっており、生産者としてひとつの希望の光になってきています。新しい商品、新しい顧客、新しい市場が生まれ、年々シードルが盛り上がっていく様は、リンゴ栽培を毎年繰り返している農家にとっては、とてもエキサイティングな変化です。**農家にとってのシードル事業は、単なるビジネスにとどまらず、リンゴ農家が抱える将来への不安、行き詰まり感がある現状を打破するひとつのきっかけ**につながるのではないかと期待しています。今、リンゴ農家が抱える課題とシードルへの期待を挙げてみたいと思います。

1つ目は、**高齢化する農業者と若手への事業継承**です。日本の農業が後継者不足であることは、ほとんどの人がすでにお気づきでしょう。もちろん、リンゴ農家も例外ではなく、リンゴ生産者の約6割が60歳以上となっています。今、シードルに注目している若手農家は30代~40代が多く見られますが、その年代はリンゴ農家全体の約14パーセントしかいません。働き盛りの年代が、リンゴ産業には圧倒的に足りていないのです。一方、海外、特にアメリカの西海岸、ポートランド周辺のハードサイダー醸造所のことを一度調べてみてください。30代〜40代の若い醸造家が、改装されたガレージなどで、思い思いに自分らしいハードサイダー造りに挑戦しています。不思議なことに**シードルというお酒は、国に関係なく若い世代のエネルギーととても相性が良い**のです。

2つ目は、**高齢化する顧客とその若返り**です。**年代別のリンゴの消費量は、60代、70代と年代が高いほど多い逆ピラミッド型**となっており、日本の人口構造よりもさらにひどい状態です。リンゴの消費が先細り、将来仕事として成立しなくなるリスクを考えると、若い後継者が増えない状況は当然のことです。そんな状況のなか、30代、40代前後のシードル愛好家が増え、新たな市場や顧客が見えてくれれば、シードルを造りたいという若い人がリンゴ産地に増えると予想しています。**先代の顧客を大切にしながらも、自分たちの年齢や価値観が近い顧客を育てることが、リンゴ産業の世代交代にもつながります。**

3つ目は、**人材不足への対応**です。リンゴ農家の仕事は、2月頃から剪定が始まり、遅いところでは12月上旬くらいまで収穫が続きます。1年間のほとんどを果樹の手入れに費やすリンゴ農家にとって特に重労働なのが、赤く色づかせる着色管理です。全体がムラなく赤く色づいたリンゴは、とてもおいしそうに見え、購入の際にはつい選んでしまいます。そのため農家は、収穫の1カ月前になると、色づきの良いリンゴにしようと、日陰になっているリンゴの周りにある葉っぱをむしったり、リンゴをクルッと反転させてまだ青い部分を太陽の方向に向けたり、太陽光が反射するシルバーの反射シートを敷いたりして赤く色づかせようとします。これが、本当に重労働です。一方、**シードルのリンゴは、色づきは関係ありませんので、この着色管理の作業時間や資材が不要**になります。今はまだ、シードルのためにリンゴを栽培することは難しいため、着色管理が不要な黄色系品種や、スイーツなどの業務向けに栽培するクッキングアップルの一部を当面シードルにも活用することになります。

今後、日本における人口の減少とライフスタイルの変化により、リンゴの消費量が減少し、消滅する産地も出てくるかもしれません。このとき、**嗜好品として付加価値がつけられるシードルがあれば、日本の技巧型農業はシードル造りにも引き継げる可能性**があります。そして、シードルの生産が盛んになれば、リンゴ畑の品種の多様化や収穫の機械化、シードルツーリズムが行われるなど、畑の様子が変わっているかも

赤く甘く大きいデザートアップルが日本では求められてきたが、近年は生産者の高齢化などにより省力化が進められている

しれません。海外では家族経営のシードル農家が日本のリンゴ農家の20倍、30倍の面積でリンゴを栽培していますので、少なくとも今よりも農業従事者1人あたりの栽培面積は広げることはできるでしょう。

一方で、ＴＰＰ（環太平洋パートナーシップ協定）による影響も注視しています。米国が離脱したことにより以前に比べると影響は限定的かもしれませんが、果汁に関しては過去の自由化や関税率引き下げにより外国産果汁の輸入量が急増しており、今回もさらに国産果汁のシェアを奪う可能性があります。海外のように、濃縮還元果汁を原料とした大量生産型のシードルが増えるかもしれません。すでに今、安価な濃縮還元果汁に対して国産のストレート果汁はおいしいといってもらえても値段で太刀打ちできません。その点、シードルは、現時点で国産、外国産に価格差はそれほどありません。もちろんシードルの関税が撤廃される可能性はありますが、**おいしいシードルを造り、愛好家から評価をいただければ、シードルの価格に反映することも比較的可能**です。努力が報われる価格設定が可能であれば、生産者として安心して良いものづくりを目指すことができます。

日本のシードルはまだまだ小さな市場ですが、この小さく輝き始めた希望の星が、今後さらに大きく輝きを増すことを切に願っています。

Column

さあ、シードルを飲んでみよう

いざ、シードルを飲んでみようと思ったときに、その選び方が意外と難しいのがシードルです。同じリンゴを使ったお酒であっても、国の違い、リンゴの違い、甘辛度など、シードルの世界はシンプルなのに広くて、実は深いのです。まずは、見た目や表示から選ぶ方法をご紹介します。

まずは、**シードルを甘いか、甘くない辛口かで選ぶ**方法です。シードルには、甘口（スイート）、辛口（ドライ）、その中間の中口（ミディアム）があります。甘口と辛口の違いは、発酵期間の長さです。発酵がスタートしたときはまだ糖がアルコールに変わりきっていないため、甘口となります。そのまま発酵を続けると糖はアルコールと炭酸ガスに変わっていくため、甘くない＝辛口のシードルができあがります。

２つ目は国で選ぶ方法です。今、日本で買えるシードルは、国産はもちろん、イギリス、フランス、スペイン、ドイツ、スイス、アメリカ、オーストラリアなど十数カ国から輸入されています。意外に多くて驚かれるのではないでしょうか。イギリスやフランスのシードルに比較的多いファンキー、スモーキーなシードルは、自然酵母を使った伝統製法のシードルに多く、好き嫌いが分かれる傾向があります。そのほかの国は、比較的クリアで飲みやすいタイプとなっています。

3つ目は、ご自身がワイン派かビール派かで選ぶ方法です。ワインのようにゆっくり味わいながら飲むのか、ビールのようにゴクゴク飲むのか、シードルは、大きく分けるとこの2タイプになります。その違いは、容器である程度判別できます。ワインスタイルは、瓶もワイン用ボトルの750ミリリットル、360ミリリットルに入っていることが多く、ビールスタイルは500ミリリットルボトルやクラフトビールと同じような形をしたボトルや缶で販売されています。

シードルを選んだら、次にシードルの温度を最適に管理しましょう。シードルにはリンゴ酸が多く含まれているため、**10℃程度に冷やしたほうがおいしい**です。一般のご家庭では、冷蔵庫で冷やしておいて、飲む前に少し室温に置いて飲むと良いです。慣れてきたら、ボディがしっかりしていて、渋味があるシードルはやや温度を高めにして飲んでみるなど、温度を変えて試してみるとおもしろいです。同じ日本のシードルでも甘さや酸の強さの違いにより、ビールのように凍る間際まで冷やしたほうが良いものもあれば、それだと冷やしすぎとなるものもあります。ベストな温度は生産者としても把握しておく必要があります。

シードルが冷えたら、いよいよグラスに注ぎましょう。**グラスによって、味わいは変わります。**フランスのブルターニュでは、陶器製のボレとよばれるボウルで飲んだり、イギリスやスペインなどでは、タンブラー型のグラスで飲んだりしますが、ワイングラスを使用することで香りも楽しめます。瓶内二次発酵で造られたガス圧が高めな高級シードルであれば、フルートグラスに注いで細かい泡が立ち昇る様子を楽しむのも良いでしょう。

ではシードルを飲んでみましょう。シードルもさまざまな香りや味を感じることができますが、**味わいの骨格を作っているのは甘味、酸味、渋味の３つ**です。

甘さは、シードルの味を決める最も重要な要素のひとつで、原料のリンゴにはブドウ糖、果糖、ショ糖、ソルビトールの順で多く含まれています。甘口のものは、果実由来のものと加糖によるものがあり、アイスシードルを除きアルコール度数が高い甘口は、加糖によるものです。

酸味は、主にリンゴ酸とクエン酸です。冷やすほど酸をはっきり感じることができる一方、室温近くになると酸を感じにくくなり、酸が少ないシードルはぼやけた味わいになります。ほかにも、スペインのシードラ・ナチュラルは、リンゴ酸を乳酸に変えるマ

シードルの会などで複数の種類を飲み比べてみると、それぞれの違いがわかり、おもしろい

ロラクティック発酵を経ており、乳酸特有のまろやかな酸味を感じます。一部のリーズナブルなシードルには、クエン酸などを使って酸味を補っているものもあります。

渋味は、ワインと同じようにポリフェノールの一種でタンニンが作用して渋味を感じます。シードルに多いリンゴポリフェノールは比較的渋味や苦味が控えめといわれています。生食用のリンゴにタンニンは少ないため、そのリンゴのみを使ったシードルには渋味はほとんどありません。一方でシードル用品種から造られたシードルにはしっかりとした渋味を感じることができます。

同じリンゴを使っていても、**シードルの製法によっても味わいは変わります。**日本では主に、瓶内二次発酵、タンク内二次発酵、炭酸ガス圧入方式（カーボネーション方式）が採用されており、それぞれで味わいが異なります。最も大量生産に向いているのが、炭酸ガス圧入方式です。人工的に炭酸ガスをリンゴワインに溶け込ませてシードルにします。一方、酵母の働きによりシードルに炭酸を加える製法が瓶内二次発酵とタンク内二次発酵で、主に一次発酵でアルコールを、二次発酵で炭酸をシードルに加えます。ちなみに、スパークリングワインを造るワイナリーは瓶内二次発酵、シードル専門醸造所やビールの醸造所などはタンク内二次発酵を採用する傾向にあります。この製法によっても味わいが異なり、瓶内に澱を残す瓶内二次発酵は、澱の主成分である酵母菌が自己分解によりアミノ酸やペプチドに変わり、シードルに深みや幅を与えます。

一方、炭酸ガス圧入方式は、フィルター等を用いて澱を取り除き、クリアなシードルにするため、品質として安定する一方、時間とともに変化を楽しむことはできません。日本はシードルの原料に主に生食用リンゴを使用しているため、発酵させただけでは味わいに厚みがなく単調になりやすいため、シュールリー製法の原理を用いることでシードルに複雑さを加えています。

このコラムを参考に、多種多様なシードルを、ぜひ楽しみながら飲んでください。

Column

増えてきたシードル専門店、賑わいを見せるシードル協会主催のイベント

ここ1～2年の間、シードルは、新聞、雑誌、テレビ等でも継続的に取り上げられ、徐々に知名度が上がるにしたがい、都内では飲食店でもシードルを扱うお店が増えてきており、ふと立ち寄ったビストロやイタリアンなどで、シードルを見かけることもあります。ほんの数年前にはなかったことで、着実にシードルが実にファンの増加に結びついてきていると実感できる出来事です。また、何十種類と豊富にシードルを扱うお店も何軒か登場しており、そのうちの3店をご紹介したいと思います。

「ル ブルターニュ バー ア シードル レストラン」は、東京・神楽坂にある日本初のシードルバーで、2012年9月に開店しました。料亭だった古民家を改装してオープンさせたシードルレストランは、若い女性に人気で夜はいつも満席です。国内外のシードルを常時20種類ほど楽しめ、シードルと料理のペアリングも魅力的です。シードルの選び

方がわからないという人は、経験豊富な涌井稔さんにおすすめを聞いてみるのもよいです。すぐ近くには、ガレットで有名な系列店「ル ブルターニュ神楽坂店」があり、本場フランス・ブルターニュ地方のガレットとシードルも楽しむことができます。

「Bar & Sidreria Eclipse first」は、東京・神田にある2015年6月に開店したシードルとウィスキーのバーで、常時50種類以上のシードルを置いており、そのうち10種類程度をグラスでも提供していますので、一人で立ち寄っても安心です。海外のシードル生産者が来日した際にはお店でセ

料亭だった古民家を活用した店舗では、ガレットやシードルなど洋風の料理が楽しめる不思議な空間を体験できる

ミナーを開催し、国内の生産者も上京時に立ち寄っていくという、シードル好きが集うお店です。オーナー・バーテンダーの藤井達郎さんの出身地、群馬県沼田市もリンゴの産地で、毎年沼田市のリンゴ農園へシードル造りのためにバスツアーを企画して、リンゴ農家とシードルファンの交流を深めながらオリジナルシードルを造っています。

シードル専門店ではありませんが、ＪＲ東日本 長野駅隣接の駅ビルに入っている「信州くらうど」では、店内に併設の立ち呑みバーで長野県産の日本酒、ワインと並んで樽生シードルを提供しています。長野県といえばリンゴをイメージされるお客様も多く、気温が高くなるほど、すっきり喉越しが良く、飲みやすいシードルを注文されるお客様が増えます。店内には、県内のシードルを多数集めた販売コーナーもあり、旅行や仕事で長野を訪れた方が買い求めていらっしゃる姿を目にすることができます。

また、シードルのイベントも人気です。シードルのテイスティングイベント「シードルコレクション」は、２０１６年８月に東京で初めて開催し、同年11月には北海道、２０１７年からは長野県も加わって、全国３カ所が開催地となっています。シードル専門のイベントとしては日本最大級であり、産地と消費地それぞれで主催者を立てて開催するなど、ユニークな運営のシードルイベントとしてメディアにも取り上げられています。何十種類ものシードルを飲んで学べるという基本コンセプトは各開催地共通ですが、それぞれ主催者や実行委員が異なり、企画もオリジナルのため、各開催地を巡る方もいます。それぞれの特徴を紹介します。

「東京シードルコレクション」は、フランス、イギリス、スペイン、アメリカ、日本など、世界各国のシードルをテイスティングできるイベントです。シードルファンはもちろん、リンゴ農家、シードルメーカー、輸入事業者、酒販店、飲食店の方々が、全国から集まります。参加者数も、2016年は約300名でしたが、2019年には約800名に増えており、シードル人気を裏付けるイベントとして注目されました。イベントに合わせて制作しているシードルガイドは、来場者がシードルを試飲しながら、じっくりとシードルについて学べる保存版のブックレットとして好評です。

「北海道シードルコレクション」は、2016年8月の東京初開催から間もなく、北海道での開催を望む声が上がり、急遽3カ月でイベントを立ち上げ、札幌市の会場には予想を超える約220名の方がご来場くださいました。2018年2月に開催した第2回は、生産者の取り組みを知ってもらうシードルサミットも合わせて開催しました。シードルの銘柄数が全国で2番目に多く、リンゴ生産量全国8位（2016年）の北海道では、暖流である対馬海流の影響を受ける道央、道南で栽培が盛んです。北海道産のシードルは、定番のふじは少なく、外国原産のリンゴ、例えば、イギリス原産のブラムリーやコックス・オレンジ・ピピン、カナダ産のマッキントッシュ（日本名：旭）という今では珍しいリンゴを使い、酸味や香りを活かしていることが特徴です。

「ナガノシードルコレクション」は、2017年5月、飯田市に拠点を置くNPO法人国際りんご・シードル振興会の主催で開催しました。シードル銘柄数全国1位の長野県らしく、リンゴ農家やワイナリーなどの生産者31社が参加、49種類のシードルが出品され、用意したチケット350枚は完売となりました。県外からも全体の1割を超える方にご参加いただき、リンゴ産地にも関心が集まっていることを感じさせられました。この飯田市の会場でも、参加者の多くは女性で、20代、30代の女性は甘さが残るものを、40代あたりからはドライを好む傾向がありました。2018年からは、以前より飯田市で開催されていた竹宵まつりと同時開催となり、地域密着型の夏の風物詩となってきています。2019年にはアップルハロウィンに合わせて大阪で小規模なミニシードルコレクションを開催しており、今後各地で開催が広がっていくことが期待されています。

東京ビッグサイトで開催した東京シードルコレクション 2019 には、過去最大の出展者、入場者を記録し満員御礼となった

あとがき

小野司

はすみふぁーむ代表の蓮見氏と拙書の執筆を進める最中に、新型コロナウイルスが世界中で猛威を奮い始め、日々の生活、仕事のやり方、経済環境などが大きく変わりました。酒類業界は特に飲食店への出荷は一時壊滅的になり、地域や産地を盛り立てようと始めたツーリズムは感染の中心地となっている首都圏からの参加者も多いことから、開催が難しくなっています。

しかし一方で、自ら商品やサービスをお客様のニーズの変化に臨機応変に対応して、ダメージを最小限に抑えている、または売り上げを伸ばしている事業者がいることも事実です。要するに「こだわり」だけで訴求できる時代は終わり、地域やお客様の欲求、困りごと、感動、共感、信頼、そういったことに応えられる事業者が選ばれて生き残れる、成長できる時代がきているということだと、私は理解しています。

そんな時代にシードル造りは、原料のリンゴを生産する農家がいて、それをお酒に醸す酒類製造業の私たちがいて、お客様に提供する酒販店や飲食店の方々が飲み手に届けるというサプライチェーンの上に成り立っています。商品としては、飲み手に向かって流れていくので、まさに流通です。一方で飲み手は、シードルに興味を持ったときに、お店に足を運ぶことはもちろん、醸造所を見学に訪れたり、オーナー制度や収穫体験等で農家を訪れたりすることもでき、流通を経て届けられたシードルの流通を遡り、産地に行って話を聞いたり、実際に見たりすることもできます。リンゴ農家のなかには自社製造または委託醸造でシードルを造っているところもあります。多くの食品が、どこの誰が作った原料を使っているか見えないものになっている現代において、造り手に会って話もできるオープンな食品は数少ないのではないでしょうか。日本でも年々ファンが増えているシードルの魅力と支持される理由はここにあるのではないかと私は感じています。一時期、一部の企業による食品偽装問題が社会問題となり、そのときに多くの消費者が口にした「安心安全」に応えるには、安全を証明するデータを示すといったことでなく、安心感ある対応への欲求があったと思われます。現在は安心安全という言葉を直接耳にすることは少なくなっていますが、理屈で説明するよりも体感してもらうことで安心感と信頼を育むことはできると思います。

新型コロナウイルスの感染拡大が収束しない今日、飲み手の方々と直接お会いする機会を設けられない状況が続いていますが、取り組んでいるのはインターネットを活用したオンラインイベントです。私が委員長を務める東京シードルコレクション、いいづなシードルガーデンといったイベントは、ライブ配信やウェビナー（オンライン上で実施されるセミナー）、酒販店や飲食店と連携したシードルの販売等、リアル＆オンラインによる開催に変わりました。また、林檎学校醸造所を訪れたいと思っている方にはオンライン見学会を開催し、スマートフォンを片手に醸造所や廃校のなかを案内しています。社会情勢、市場の変化を敏感に感じとり、造り手からも顔が見えるお客様への気配り、目配りを持って今のニーズに対応していくことができれば、必ず事業の継続、または新たな起業チャンスが見えてくると思います。

日本でシードルに注目が集まっているとはいえ、まだまだインバウンドで来日する外国人のほうが、シードル（Cider）をよく知っていますし、よく飲みます。グローバル化が進むなか、日本のシードル市場はまだまだ伸びしろがあるということでもあります。一人でも多くの方にシードルを注目してもらうこと、好きになってもらうこと、そして楽しんでもらうことを大切にして、りんご産地にシードル文化を築き、みなさんのグラスにシードルが注がれる機会をもっともっと増やしていきたいと思います。

執筆にあたり日本シードルマスター協会関係者、イベントの出展者と参加者の皆様、林檎学校醸造所立ち上げを支えてくださった皆様と出会い、話をお聞きし、学び、実現できたことを、私なりにまとめさせていただきました。

末筆ではございますが、いつもお力添えをいただいている皆様にこの場を借りて深く御礼を申し上げます。

プロフィール

小野司（おのつかさ）

（一社）日本シードルマスター協会 代表理事。北信五岳シードルリー株式会社 代表取締役社長。長野県飯綱町のリンゴ農家出身。情報処理技術者、IT系業務コンサルタントのかたわら、日本シードルマスター協会を設立。2017年に北信五岳シードルリー（株）をメンバー3人で設立後に地元へUターンし、2019年2月にシードル醸造所「林檎学校醸造所」を開業。経済産業大臣登録中小企業診断士として、地域の食材を使った商品開発やマーケティングの講師なども務める。

一般社団法人日本シードルマスター協会

2015年4月にシードルの国内普及を目指し設立。東京シードルコレクション等のイベントやJapan Cider Awards、シードルアンバサダー認定試験等を主催する。生産者や流通事業者、一般消費者で構成され、生産と消費それぞれに軸足を置いた普及活動を推進している。
http://jcidre.com

北信五岳シードルリー株式会社　林檎学校醸造所

リンゴの栽培が盛んな長野県飯綱町にある閉校小学校校舎の職員室等を活用したシードル醸造所。リンゴ産地の地の利を活かして、さまざまな味わいのシードルを製造する。シードルの委託醸造や醸造体験を通じて地域にシードル文化を育むビジネスモデルが評価され、第5回全国創業スクール選手権（中小企業庁主催）で経済産業大臣賞を受賞。
http://5gaku.com

プロフィール

蓮見よしあき（はすみよしあき）

（株）はすみふぁーむ代表取締役。ワイナリー、飲食店を経営しながら、農業、ワイン、シードル、SNS等をテーマに執筆、講演等で農業を通じたまちづくりを推進している。元長野県東御市議会議員（2期）、明治大学公共政策大学院ガバナンス研究科にて修士号取得。主な著書に『ゼロから始めるワイナリー起業』（虹有社）、『SNSで農業革命』（碩学社）、『はじめてのワイナリー』（左右社）等。

講演、セミナー講師等の依頼は下記の株式会社はすみふぁーむまで。

株式会社はすみふぁーむ（はすみふぁーむ＆ワイナリー）

日本一小さなワイナリーとして長野県東御市にて2005年にスタート、2013年に法人化。現在は6次産業化のパイオニアとして「信州から世界へ」をモットーに日々奮闘中。

http://hasumifarm.com

ゼロから始めるシードル醸造所
～リンゴ産地で広がる新たなビジネスモデル～

2020年9月10日　第1刷発行

著者　小野司
　　　蓮見よしあき

装丁・デザイン　菅家 恵美

発行者　中島 伸
発行所　株式会社 虹有社《こうゆうしゃ》
〒112-0011 東京都文京区千石4-24-2-603
電話 03-3944-0230
FAX. 03-3944-0231
info@kohyusha.co.jp
https://www.kohyusha.co.jp/

印刷・製本　モリモト印刷株式会社

ISBN978-4-7709-0077-7